豫西黄河

卫国峰　主编

黄河水利出版社

·郑州·

图书在版编目(CIP)数据

豫西黄河/卫国峰主编.—郑州:黄河水利出版社,2009.12

ISBN 978-7-80734-763-7

Ⅰ.①豫… Ⅱ.①卫… Ⅲ.①黄河-水利工程-组织机构-概况-河南省 Ⅳ.①TV882.1-242.61

中国版本图书馆 CIP 数据核字(2009)第 229819 号

出 版 社:黄河水利出版社

地址:河南省郑州市顺河路黄委会综合楼 14 层　　邮政编码:450003

发行单位:黄河水利出版社

发行部电话:0371-66026940、66020550、66028024、66022620(传真)

E-mail:hhslcbs@126.com

承印单位:黄河水利委员会印刷厂

开本:787 mm×1 092 mm　1/16

印张:11.25

字数:260 千字　　印数:1—1 100

版次:2009 年 12 月第 1 版　　印次:2009 年 12 月第 1 次印刷

定价:26.00 元

《豫西黄河》编委会

编委会主任：程存虎　殷民强

编委会委员：张效会　卫国峰　蔡长治　刘有战　周艳丽

主　　编：卫国峰

副 主 编：刘有战　常国俊　周红霞

编写人员：鲁金锋　卫高丽　谷奎林　贺振华

邵新颖　李军光　卢中州

序

黄河，中华民族的母亲河。她以博大的胸怀哺育了千千万万炎黄子孙，孕育了光辉灿烂的中华文明。但是黄河又是一条桀骜不驯的河流，以“善淤、善决、善徙”闻名于世，平均三年两决口，百年一改道，灾害极其严重。人民治黄以来，黄河治理开发取得了巨大成就，初步建成了完善的防洪工程体系，黄河下游实现了岁岁安澜，水资源实现高度开发利用，治黄科技水平显著提高，为经济社会发展提供了安全保障和水资源支撑。

豫西黄河辖洛阳、三门峡、济源三市，在黄河工程、黄河经济、黄河文化、黄河生态方面有着十分鲜明的特色。在黄河干流有三门峡、小浪底、西霞院水利工程，在沁河有在建的河口村水库，伊洛河上有故县、陆浑水库，同时该河段也是黄河下游治理的起始段，对下游河段的防洪与治理有着重要作用。三市沿黄两岸还是中华文明的发源地，有着厚重的文化积淀，仰韶文化、河洛文化等在中华文化史上有着重要的地位。近年来，三市经济快速发展，沿黄生态环境不断改善。豫西黄河河务局作为三市黄沁河河道主管机关，以维持黄河健康生命为己任，切实树立“黄河工程、黄河经济、黄河文化、黄河生态”四位一体的大黄河、大经济、大发展理念，坚持“以防汛为中心，以经济发展及水政水资源管理为重点”的基本原则，着力解决好制约发展的关键性问题，治黄事业取得了长足进步。

为更好地贯彻“四位一体”工作新理念，切实推进各项工作，豫西黄河河务局组织编写了《豫西黄河》一书，该书围绕豫西黄河的工程、经济、文化、生态等四个方面，系统介绍了该区域的基本情况以及近年来豫西黄河的建设成就，内容全面翔实，对于了解研究豫西黄河，促进豫西黄河治理开发，有着重要的参考价值。在《豫西黄河》出版之际，殷切希望各界人士更加关注、关心、支持黄河，群策群力把黄河治理开发与管理事业推向前进。

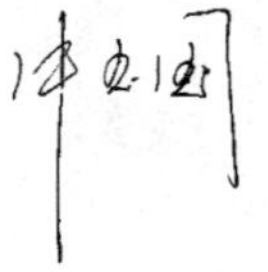

2009 年 12 月 14 日

序

2009年12月14日

前 言

新中国成立以来，人民治理成绩斐然。但如今，黄河的“水少、沙多”、下游河道淤积、水污染严重等诸多问题仍亟待解决。“维持黄河健康生命”的提出，为21世纪的黄河治理引领了一条新思路。

河南黄河河务局结合河南黄河实际，在对河南黄河治理开发已有经验中传承、创新，从建设人水和谐的现代治黄体系出发，将黄河工程、黄河经济、黄河文化、黄河生态“四位一体”化，即将黄河工程、黄河经济、黄河文化、黄河生态视为未来河南黄河发展的不可或缺的四大元素：黄河工程是基础、黄河经济是保障、黄河文化是纽带、黄河生态是目标。它们各自独擎一面，相互依存，最终实现以黄河的健康生命保障沿黄地区经济社会的可持续发展。

豫西黄河是河南黄河的有机组成，豫西黄河的发展事关黄河大局，为了让大家了解豫西黄河，共同探讨、解析豫西黄河面临的新问题，豫西黄河河务局组织工程技术人员全面系统地收集了豫西黄河工程、经济、文化、生态等方面的资料，从豫西黄河工程特征，区域产业的培植发展以及黄河水资源开发利用等角度，对豫西古文化、治水文化、人文景观、自然景观等文化特征以及水库建设、生态环境演变、湿地保护等生态特征进行了详尽的介绍。

在成书过程中，编撰人员精心谋划，通力合作，几经易稿。但由于水平所限，难免有不当之处，欢迎广大读者批评指正。

编 者

2009年11月

目 录

第一篇　豫西黄河工程

黄河治理是具有丰富内容和独特方法的治河技术体系，其中工程体系是基础。豫西现代的黄河工程则是这个体系的典型代表。就黄河下游决溢事件来说，如果用古代结绳法计数，1946 年以前这根绳一直在延长，原因在于古时代治黄是以下游防洪为中心，以堤防为主，历代对黄河治理也都提出过许多理论，但大多是“就治河论治河”，没有形成完整的治黄工程体系。对黄河进行全面治理开发规划，是在新中国成立后，1949 年以前黄河干流无水库、电站。决溢计数绳虽然永远不会缩短，但 1949 年以后“上拦”的治黄方略却实现了不再让它延长，这说明“上拦”工程技术措施得到了验证，这是十分值得中华民族骄傲和纪念的。

豫西黄河工程，显现现代治黄的精华和人民治黄的成就，历朝历代“就下游河患论下游治理”的思想都没有改写黄河河患历史，都没有阻挡黄河泥沙在下游河道的淤积和河床的不断提升。自新中国成立初期提出“宽河固堤”，50、60 年代“蓄水拦沙”，70 年代“上拦下排，两岸分滞”，90 年代“调水调沙”以来，在豫西相继修建了三门峡、陆浑、故县、小浪底水库，从而把黄河中游和下游融为一体，使黄河上中游的洪水、泥沙能在中游有限的时间段内和有限的空间范围内进行相互转换、置换，用其独特的长短、大小、强弱结合互补，上、中、下游治利合一。

豫西黄河有着不可替代的个性，人民治黄和现代治黄明显的特征是充分发挥了豫西黄河承上启下的功能作用。黄河下游“河道不断流、河床不抬高、堤防不决口、污染不超标”给豫西黄河赋予了规律性的新任务、新内涵。豫西黄河工程是人民治黄文化、华夏民族水文化的魂宝，这一珍贵的治黄文化成果，当代人应倍加珍惜、保护，更有待后人继续丰富提升。

第一章　黄沁河基本情况

第一节　黄河流域概况

一、自然地理

黄河发源于青藏高原巴颜喀拉山北麓海拔 4 500 m 的约古宗列盆地，流经青海、四川、甘肃、宁夏、内蒙古、山西、陕西、河南、山东等 9 个省(区)，在山东省垦利县注入渤海。黄河干流全长 5 464 km，总流域面积 79.5 万 km^2(含鄂尔多斯内流区面积 4.2 万 km^2)，不论是河道长度还是流域面积，黄河在我国长江、黄河、珠江、淮河、海河、松花江和辽河等七大江河中都占第二位，是我国的第二大河。

汇入黄河的较大支流共有76条（指流域面积1 000 km^2以上的，下同）。流域西部属青藏高原，海拔在3 000 m以上；中部地区绝大部分属黄土高原，海拔在1 000～2 000 m；东部属黄淮海平原，海拔在100 m以下。

黄河流域东临渤海，西居内陆，气候条件差异明显。流域内气候大致可分为干旱、半干旱和半湿润气候，西部、北部干旱，东部、南部相对湿润。全流域多年平均降水量为452 mm，总的趋势是由东南向西北递减。

黄河流域形成暴雨的天气系统，地面多为冷锋，高空多为切变线、西风槽和台风等，大暴雨多由几种系统组合形成，主要有：①南北向切变线。三门峡以下地区维持强劲的东南风，输送大量的水汽，并且常有低涡切变线北移，再加上有利的地形，往往形成强度大、面积广的雨带。②西南、东北向切变线。主要发生在河口镇至三门峡区间，使三门峡以上维护强劲的西南风，水汽得到充分的补给，加上冷空气和地形的作用，往往形成强度较大、笼罩面积广的西南、东北向雨带，造成黄河的大洪水和特大洪水。

黄河流域各地区的暴雨天气条件不同，三门峡以上、以下的暴雨多不同时发生。在河口镇至三门峡之间出现西南、东北向切变线暴雨时，三门峡至花园口受太平洋副热带高压控制而无雨，或处于雨区的边缘。三门峡至花园口区间出现南北向切变线暴雨时，三门峡以上中游地区受青藏高原副热带高压控制，一般不会产生大暴雨。

黄河流域暴雨多、强度大，洪水多由暴雨形成，主要来自上游兰州以上和中游河口镇至龙门、龙门至三门峡、三门峡至花园口、汶河流域五个地区。黄河流域冬季较为寒冷，宁夏和内蒙古河段都要封河，下游为不稳定封冻河段，龙门至潼关河段在少数年份也有封河现象。春季开河时形成冰凌洪水，常常造成凌汛威胁。

二、河段特征

黄河按地理位置及河流特征，划分为上、中、下游。河源至内蒙古自治区托克托县的河口镇为上游，干流河道长3 471.6 km，流域面积42.8万 km^2，落差3 496 m，平均比降1.01‰，汇入的较大支流有43条，本河段水多沙少，蕴藏着丰富的水力资源。河口镇至河南郑州桃花峪为黄河中游，干流河道长1 206.4 km，流域面积34.4万 km^2，汇入的较大支流有30条，河段内绝大部分支流地处黄土高原区，暴雨集中，水土流失严重，是黄河洪水和泥沙的主要来源区。桃花峪至入海口为下游，干流河道长786 km，流域面积2.3万 km^2，汇入的较大支流只有3条，该河段除南岸东平湖至济南区间为低山丘陵外，其余全靠堤防挡水，是举世闻名的“地上悬河”。

黄河有着不同于其他江河的突出特点：①水少沙多，水沙异源。黄河多年平均天然径流量580亿 m^3，占全国河川径流量的2%。流域内人均水量527 m^3，为全国人均水量的22%；耕地亩均水量294 m^3，仅为全国耕地亩均水量的16%。再加上流域外的供水需求，人均占有水资源更少。多年平均输沙量16亿t，多年平均含沙量35 kg/m^3，均为世界大江大河之最。黄河56%的水量来自兰州以上，90%的沙量来自河口镇至三门峡区间。②河道形态独特。黄河下游河道为著名的“地上悬河”，现行河床一般高出背河地面4～

6 m,河道上宽下窄,排洪能力上大下小。河势游荡多变,主流摆动频繁。河道内滩区为行洪区,居住人口 180 多万人。因此防洪任务十分艰巨。③洪水灾害频繁。据记载,从先秦时期到民国年间的 2 540 多年中,黄河共决溢 1 590 多次,改道 26 次,平均三年两决口,百年一改道。决溢范围北至天津,南达江淮,纵横 25 万 km^2。每次决口,水沙俱下,淤塞河渠,良田沙化,生态环境长期难以恢复。④水土流失严重。黄河流经世界上水土流失面积最广、侵蚀强度最大的黄土高原,水土流失面积为 45.4 万 km^2,占黄土高原总面积的 71%。

三、治理开发

1946 年中国共产党领导人民治理黄河以来，特别是中华人民共和国成立以后，党和国家对黄河治理开发十分重视，随着我国大江大河的第一部综合治理规划——《黄河综合利用规划技术经济报告》的实施，全面开展了黄河的治理开发。黄河干流已建、在建 15 座水利枢纽，总库容 566 亿 m^3，发电装机容量为 1 113 万 kW，年平均发电量 401 亿 kWh。水土保持改善了部分地区农业生产条件和生态环境，减少了入黄泥沙。20 世纪 70 年代以来，水利水保措施年均减少入黄泥沙 3 亿 t 左右。在中下游修建了三门峡、小浪底（含西霞院）、陆浑、故县等干支流水库。先后 4 次加高培厚了黄河下游 1 400 km的临黄大堤，开展了放淤固堤和大规模的河道整治，开辟了北金堤、东平湖等滞洪区，对河口进行了初步治理，形成了“上拦下排，两岸分滞”的防洪工程体系，加强了防洪非工程措施建设，提高了黄河下游抗御洪水灾害的能力，扭转了历史上频繁决口改道的险恶局面。

经过 60 多年坚持不懈的努力,黄河治理开发取得了巨大的成效,但由于黄河河情特殊,治理难度大,目前还面临着许多问题。突出表现在:洪水威胁依然是心腹之患,水资源供需矛盾日益突出,水土流失尚未得到有效控制,水污染越来越严重。随着《黄河近期重点治理开发规划》的实施,黄河治理开发将有一个新的飞跃,从而进一步推动国民经济的蓬勃发展。

四、洪水来源及其类型

黄河花园口水文站的大洪水和特大洪水主要来自黄河中游的三个区域,即河口镇至龙门区间、龙门至三门峡区间、三门峡至花园口区间。

黄河上游地区来水组成花园口洪水的基流。

(一)上大型洪水

以河口镇至龙门区间和龙门至三门峡区间来水为主形成的大洪水称为上大型洪水,具有洪峰高、洪量大、含沙量大的特点,对河南黄河防洪安全威胁严重。

河口镇至龙门区间流域面积为 11 万 km^2,河道穿行于山陕峡谷之间,两岸支流呈羽毛状汇入,大部分属黄土丘陵沟壑区,土质疏松,植被差,水土流失严重,加之这一地区暴雨强度大、历时短,常形成尖瘦的高含沙洪水过程。该区洪水泥沙颗粒大,是黄河下游河道淤积物的主要来源。吴堡、龙门的洪水一般发生在 7 月中旬至 8 月中旬,一次洪水历时一般为 1 天左右,持续洪水可达 5 ~ 7 天。

龙门至三门峡区间有泾、北洛、渭、汾等大支流加入，流域面积18.8万 km^2，大部分属黄土塬区及黄土丘陵沟壑区，一部分为石山区。该区大洪水发生时间以8、9月份居多，其洪水过程较河龙间洪水稍矮胖，洪水含沙量也较大。

(二)下大型洪水

以三门峡至花园口区间来水为主形成的大洪水称为下大型洪水。

三门峡至花园口区间有伊洛河、沁河等支流加入，流域面积为41 615 km^2，大部分为土石山区，本区大洪水和特大洪水都发生于7月中旬至8月中旬。本区暴雨历时较三门峡以上中游地区要长，强度也大，加上主要产流地区河网密度大，有利于汇流，故形成的洪峰高，洪量也大，但含沙量小。本区一次洪水历时一般3～5天，连续洪水历时可达12天之久。本区洪水具有上涨历时短、汇流迅速、洪水预见期短的特点，对河南黄河防洪安全威胁最大。

(三)上下较大型洪水

龙门至三门峡区间和三门峡至花园口区间共同来水组成的洪水称为上下较大型洪水。这类洪水的特点是洪峰较低、历时较长、含沙量较小等，对郑州黄河防洪也有相当的威胁。

第二节　沁河流域概况

沁河是黄河的重要支流，发源于山西沁源县太岳山南麓的二郎神沟，流经沁源、安泽、沁水、阳城、晋城，穿越太行山于河南省济源市的五龙口出山谷入平原，经济源、沁阳、博爱、温县、武陟，至武陟白马泉汇入黄河。河道全长485.5 km，落差1 844 m，河道平均坡降3.8‰。流域面积为13 532 km^2（其中河南境内流域面积1 228 km^2），占黄河三门峡至花园口区间41 615 km^2的32.5%，占小浪底至花园口区间35 881 km^2的37.7%。

沁河水沙来源：沁河流域属大陆性气候，年平均气温10～14.4 ℃，年降水量自南而北递减，上中游平均为617 mm，下游600～720 mm。沁河水沙主要来源于干流五龙口以上，武陟站（原小董站，下同）多年平均年径流量为10.48亿 m^3，其中来自干流五龙口以上的占81%，来自丹河山路平站的占19%，多年平均年输沙量为689万 t，多年平均含沙量为6.58 kg/m^3。

沁河来水特点：一是水沙量年际变化较大。武陟站年径流量和年输沙量最大值分别为31亿 m^3 和3 130万 t，最小年径流量和年输沙量分别为0.87亿 m^3 和1.78万 t，1997年全年断流，年径流量和年输沙量为零。二是水沙量年内分配不均。武陟站7～10月份径流量和输沙量分别占年径流量和年输沙量的69.4%和90%。据历史资料记载，明成化十八年（1482年），阳城九女台曾出现14 000 m^3/s 洪水。新中国成立以来出现的最大洪水为1982年武陟站洪峰流量4 130 m^3/s。

流域内大部分地区属于“沁水煤田”，多为量大质优的无烟煤，埋藏不深，可开采厚度为5～7 m。局部有铁矿和硫磺矿分布。沁河上游还蕴藏着银、铜、煤、油、页岩等丰富的矿产资源。下游两岸是黄沁河冲积平原，土地肥沃，是焦作市农业的稳定高产区。菊花、地黄、山药、牛膝——四大怀药闻名全国，博爱的竹林、生姜是有名的经济作物。

沁河河道按自然特征分为四段：河源至孔家坡，河道长 96 km，落差 940 m，平均比降 13.62‰，河床多砾岩，河床顺直，一般河谷宽 400 ~ 1 000 m，河槽宽 200 ~ 300 m，两岸高度 50 ~ 100 m，植被好，水土流失轻微，年侵蚀量 280 t/km^2。孔家坡至润城，河道长235 km，落差 531 m，平均比降 2.26‰，上段谷深流曲，下段穿行润城盆地，两岸陡峻，植被较差，两岸山高 50 ~ 150 m，有水土流失现象，年侵蚀量为 960 t/km^2，本段有建水库条件，已建灌溉兼发电的水轮泵站多处。润城至五龙口，河道长 92 km，落差 328 m，平均比降 3.57‰，河道斩切太行山，穿行于 200 ~ 300 m 的峡谷之间，岸壁陡立，水流湍急。河段内石灰岩地区溶洞水发育，最大的马山泉流量达 4 m^3/s。水土流失每年侵蚀量为650 t/km^2，该段宜建高坝，规划中的河口村水库即位于此段的末端、五龙口之上的 9.5 km 处。五龙口至沁河口，河道长 90 km，落差 45 m，平均比降 0.5‰，其中五龙口至小董站为 0.63‰，小董站至武陟县城为 0.3‰，武陟县城至沁河口为 0.18‰。本河段流经冲积平原，丹河口以下已成为地上河，高出两岸 2 ~ 4 m，最高达 7 m，为防洪重要河段。

沁河自济源五龙口以下为下游防洪河段，河段长 89.5 km，两岸堤防总长 161.6 km（其中左岸从济源逯村起到武陟沁河口止长 76.3 km，右岸自济源五龙口起到武陟方陵止长 85.3 km)，堤距一般 800 ~ 1 200 m，河床比降 0.47‰。济源市境内有左右岸堤防长 12.2 km。焦作市境内有堤防长 149.4 km，其中左岸从沁阳的瑶头至武陟的白马泉、堤防长度为 74.42 km，右岸自沁阳的西庄至武陟的方陵、堤线长 74.97 km。

沁河堤防工程进行了三次大复堤。1982 年新修济源右岸堤段，1981 ~ 1983 年进行了武陟木栾店卡口河段的改道，即沁河杨庄改道工程。目前，沁河堤防堤顶宽度 5 ~ 15 m，堤顶高出小董站 4 000 m^3/s 洪水相应水位 1 ~ 3 m，部分堤段培修了前后戗或进行淤临淤背加固。

沁河滞洪区位于沁河与丹河夹角地带。丹河口以上左岸有龙泉、阳华两个天然缺口，宽度分别为 5 010 m 和 1 891 m，缺口外为沁丹河夹角地，有 41.2 km^{2}的自然溢洪区，内有安全河、白涧河、仙神河、石河排泄山洪入沁。当沁河五龙口站流量超过 2 500 m^3/s 时，缺口自然溢洪，能有效减轻小董站洪峰压力。

丹河口以下河床一般高出两岸地面 2 ~ 4 m，最高达 7 m，成为“地上悬河”，素有“小黄河”之称，历史上决口频繁，自公元 237 年（三国魏景初元年）至 1948 年的 1 712 年间，沁河决溢达 293 次。黄河发生大洪水时，往往对沁河形成顶托或倒灌，若黄沁河同时发生大洪水，受黄河水顶托致使沁河决口，历史上称为“黄沁并溢”。

1949 年以来，沿河人民在“除害兴利”方针指导下，经过长期不懈的努力，先后战胜了小董站 1954 年的 3 050 m^3/s、1982 年的 4 130 m^3/s 的大洪水和 26 次 1 000 m^3/s 以上的洪水，改变了沁河决溢频繁、危害下游的局面。目前，沁河上游水库库容有限，较大洪水尚不能有效控制，待河口村水库修建后，下游防洪严峻形势可得以缓解。

第三节 豫西黄沁河概况

一、黄河

(一)黄河概况

豫西黄河河段位于黄河中游末端,流经三门峡市四个县区(灵宝市、陕县、三门峡湖滨区、渑池县)、洛阳市四个县区(新安、孟津、吉利、偃师)及济源市四个乡镇(邵原、下冶、大峪、坡头),全长 282 km,其中三门峡市境内 188 km、洛阳市境内 94 km、济源市境内 58 km。

从西霞院大坝以下至洛阳下界孟津县扣马村为设防河段,右岸为孟津县白鹤镇、会盟镇,全长 29 km;左岸为吉利区,全长 13 km。设防河段河道为山区向平原型河道的过渡段,河道比降较下游黄河比降大,洛阳黄河公路大桥以上为 0.5‰ ~ 0.7‰、以下为 0.265‰;河段紧靠小浪底、西霞院水库,洪水来势猛,预见期短,一旦小浪底水库泄洪,准备时间极短,防洪任务十分艰巨。

(二)工程概况

豫西黄河河段防洪工程主要包括三门峡水库河南库区治理工程(地方管理)和洛阳市黄河防洪工程。

三门峡水库河南库区共有库区治理工程 23 处,坝垛 243 道、护岸 32 段,工程长度 39.11 km。

洛阳市共有黄河河道工程 8 处,坝垛护岸共计 207 个单位工程(84 道坝、90 座垛、33 段护岸),其中险工 1 处 130 个单位工程(31 道坝、73 座垛、26 段护岸)、控导工程 3 处 55 个单位工程(51 道坝、4 座垛)、护滩护岸工程 4 处 22 个单位工程(2 道坝、13 座垛、7 段护岸)。堤防一段,7.6 km。

二、沁河

沁河是黄河下游的一条主要汇入支流,从山西省的拴驴泉进入济源市紫柏滩,流经济源市克井、五龙口、梨林三个乡镇。沁河济源河段处于山区型河道向平原型河道的过渡段,河道长度 42 km。其中五龙口以上 31.6 km 为山区型河道,纵比降 5‰,平均河宽 200 m;五龙口以下 10.39 km 为设防河段,平均河宽 1.8 km,平均比降 1.7‰。河段内有河道整治工程 5 处,坝垛护岸共计 13 个;堤防两段共 12.256 km。

第二章　豫西黄河大中型水利枢纽工程简介

第一节　三门峡水利枢纽

三门峡水利枢纽位于河南省陕县（右岸）和山西省平陆县（左岸）交界处，距河南省三门峡市约 20 km，控制流域面积 68.8 万 km^2，占全流域面积的 91.4%。三门峡水利枢纽控制了黄河河口镇至三门峡区间主要洪水来源区，对三门峡至花园口区间的洪水起到错峰和补偿调蓄作用，同时还有防凌、灌溉、发电等综合效益。

三门峡水利枢纽于 1957 年 4 月开工，1958 年 11 月截流，1960 年 9 月水库开始蓄水，经初期运用后，水库淤积严重。为解决水库淤积问题，1962 年 3 月决定采用“滞洪排沙”运用方式，并于 1965～1969 年和 1969～1973 年先后两次对枢纽泄洪设施进行增建和改建，以扩大泄洪能力。1984～2000 年又多次进行了改建，目前共有 12 个深孔、12 个底孔、2 条隧洞、1 条港湾钢管等 27 个泄流孔洞投入运用。库水位 315 m 时最大洪量为9 700 m^3/s，335 m 时可泄 14 400 m^3/s。

三门峡水利枢纽主坝是混凝土重力坝，坝长 713.2 m，坝顶高程 353 m，最大坝高 106 m，水电站为坝后式，设有 7 台机组，总装机容量为 40 万 kW。汛期防洪限制水位 305～300 m，蓄洪限制水位 335 m。设计总库容 354 亿 m^3。

1974 年以后，水库采用“蓄清排浑”的运用方式，即非汛期抬高水位蓄水，汛期降低水位排沙，通过这样合理的调水调沙，水库不再淤积，长期保持着有效库容，承担着重要的防洪、防凌、灌溉、发电和供水任务。在防洪方面，控制了河口镇至龙门区间、龙门至三门峡区间两个洪水来源区，并对三花间洪水起到错峰和补偿调蓄作用；对下游凌汛起到调蓄作用；还可为下游灌区补水，每年防凌蓄水可灌溉农田 80 万～100 万 hm^2。

第二节　小浪底水利枢纽

小浪底水利枢纽工程位于河南省洛阳市以北、黄河中游最后一段峡谷的出口处，上距三门峡水利枢纽 130 km，下距郑州花园口 128 km，是黄河干流在三门峡以下唯一能够取得较大库容的控制性工程。其开发目标是：“以防洪、防凌、减淤为主，兼顾供水、灌溉和发电”。坝址控制流域面积 69.4 万 km^2，占黄河流域面积的 92.3%。水库设计总库容 126.5 亿 m^3，包括拦沙库容 75.5 亿 m^3，长期有效库容 51 亿 m^3（其中防洪库容 40.5

亿 m^3,调水调沙库容10.5亿 m^3)。工程建成后,可使黄河下游防洪标准由60年一遇提高到千年一遇,基本解除黄河下游凌汛威胁;工程采用"蓄清排浑"运作方式,75.5亿 m^3 的调沙库容可滞拦泥沙78亿t,相当于20年下游河床不淤积抬高,下游1 396 km的河堤20年内不加高;工程每年可增加40亿 m^3 的供水量,大大改善下游农业灌溉和城市供水条件。电站设计安装6台30万kW混流式水轮发电机组,总装机容量为180万kW,年平均发电量51亿kWh。

小浪底水利枢纽工程由拦河大坝、泄洪排沙系统和引水发电系统三部分组成。拦河大坝为壤土斜心墙堆石坝,坝顶高程281 m,最大坝高154 m,坝顶长1 667 m,坝顶宽15 m,最大坝底宽864 m,坝体总填筑量5 185万 m^3。泄洪排沙系统分进水口、洞群和出水口三个部分。进水口由呈一字形排列的10座目前世界上最大、最集中、最复杂的进水塔组成;洞群由3条明流洞、3条孔板消能泄洪洞(由导流洞改建)、3条排沙洞和1座正常溢洪道组成;出水口由3个集中布置的消力塘组成,总宽356 m,底部总长210 m,深25 m。引水发电系统由6条引水发电洞、1座地下厂房、1座主变室、1座尾闸室和3条尾水洞组成。

小浪底工程1991年9月开始前期准备工程施工,1994年9月主体工程开工,1997年10月28日实现大河截流,1999年底第一台机组发电,2001年底全部完工。

第三节　西霞院反调节水库

西霞院反调节水库是黄河小浪底水利枢纽的配套工程,也是历次黄河治理规划的梯级开发项目之一。工程位于小浪底坝址下游16 km处的黄河干流上,下距郑州市116 km。西霞院水库的开发任务是以反调节为主,结合发电,兼顾灌溉、供水等综合利用。西霞院反调节水库主要建筑物有土石坝、泄洪闸、排沙闸、河床式电站厂房、南岸取水工程、坝后灌溉引水闸及电站安装间下排沙洞等,坝轴线总长3 122 m,其中(泄洪、发电、引水)混凝土坝段长513 m。泄水、发电建筑物集中布置在右岸滩地,共设置21孔泄洪闸,排沙建筑物包括电站厂房左侧的排沙洞、右侧的排沙闸和机组之间的排沙底孔。南岸取水工程位于泄洪闸右侧,灌溉引水闸位于电站下游左侧岸边。左右岸滩地和河槽段为土工膜斜墙砂砾石坝,最大坝高20.2 m,坝顶宽8.0 m,坝顶高程138.2 m,上游边坡1∶2.75,下游边坡11∶2.25。其中,左岸(含河槽段)坝长1 725.5 m,右岸坝长883.5 m,砂砾石坝总长2 609 m。水电站为河床式厂房,最大高度为51.5 m,设有4台单机容量为 35 MW 的轴流转桨式水轮发电机组，总装机容量 140 MW，多年平均发电量 5.83 亿 kWh。坝基防渗采用混凝土防渗墙。工程规模为大(Ⅱ)型，Ⅱ等工程。

西霞院反调节水库总库容 1.62 亿 m^3，正常蓄水位 134 m，汛期限制水位 131 m。2004 年 1 月 10 日主体工程开工，2006 年 11 月 6 日截流，2007 年 5 月 30 日下闸蓄水，2007 年 6 月 18 日首台机组正式并网发电。

西霞院水库通过对小浪底水电站调峰发电的不稳定流进行再调节，使下泄水流均匀稳定，减少下游河床的摆动，保护黄河下游河道工程，减轻对下游堤防等防护工程的冲刷。当小浪底发电流量较大时，西霞院水库按反调节流量要求发电，多余水量存于库中，或根据需要调峰发电；当小浪底水电站停机时，利用库中存水按反调节水量下泄，满足黄河下游河段的工农业用水要求。改善黄河下游供水条件，减少黄河下游断流的发生；扩大农田灌溉面积，西霞院水库可以在下游发展灌溉面积 7.60 万 hm^2；同时，每年还可以向附近城镇供水 10 019 万 m^3，使黄河水资源发挥更大的经济、社会效益。

第四节　洛河故县水库

洛河故县水库是一座以防洪为主，兼顾灌溉、供水、发电、养殖等综合利用的大型水利枢纽。控制流域面积 5 370 km^2，占洛河流域面积的 44.6%。坝址以上流域多年平均降水量 700 余 mm，坝址处多年平均径流量 12.81 亿 m^3，多年平均流量 40.6 m^3/s，约占洛河总水量的 60%。调查历史最大洪峰流量 5 400 m^3/s (1898 年)，实测坝址最大洪峰流量 3 840 m^3/s (1958 年)。多年平均输沙量 655 万 t，每年平均含沙量 5.13 kg/ m^3。

故县水库大坝坝型为混凝土实体重力坝，系一级建筑物，地震基本烈度Ⅶ度，按Ⅷ度设防。最大坝高 125 m，坝顶高程 553 m，坝顶长 315 m，共分 21 个坝段，一般坝段宽 16.5 m，最大 19 m、最小 13 m。大坝由挡水坝段、电站坝段、底孔坝段、溢流坝段组成。泄洪设施包括 2 个底孔、5 孔溢洪堰和 1 个中孔。泄洪底孔设在 10 号坝段，共两孔，孔口尺寸 3.5 m×4.213 m(宽×高)，进口高程 473.27 m。最大泄量 982 m^3/s。溢流孔设在 11～16号坝段，共5 孔，单孔宽 13 m，堰顶高程 532 m，最大泄量 11 436 m^3/s。电站位于左岸河床 7、8、9 号三个坝段，安装 3 台水轮发电机组，单机容量 2 万 kW，共 6 万 kW。引水口底坎高程 485 m，单机设计引水流量 36 m^3/s。中孔设于 17 号坝段，仅 1 孔，孔口尺寸 6 m×9 m(宽×高)，进口高程 494 m，最大泄量 1 476 m^3/s。设计近期降低水位使用中孔，正常使用后中孔不投入使用。

水利枢纽于 1958 年开始兴建，于 1980 年 10 月截流，1993 年底竣工，1994 年正式投入拦洪运用。

故县水库修建后，提高了洛河下游洛阳以下堤防的防洪标准，由 15 年一遇提高到 24 年一遇，也减少了伊河、洛河夹滩低洼地区的淹没几率。对黄河下游可削减花园口站的洪峰流量,万年一遇时,削减266~3 550 m^3/s;千年一遇时,削减220~2 250 m^3/s;百年一遇时,削减520~1 470 m^3/s。

第五节 伊河陆浑水库

陆浑水库位于嵩县伊河中游,控制流域面积3 492 km^2,占该河流域面积的57.9%,总库容12.9亿 m^3。水库以防洪为主,兼顾灌溉、发电、供水、养鱼等。坝址处多年平均径流量10.25亿 m^3,多年平均输沙量301.6万t。

陆浑水库主要建筑物有黏土斜墙砂卵石大坝、溢洪道、输水洞、泄洪洞、灌溉洞、渠首、电站等。大坝高55 m,坝顶宽8 m,长710 m。溢洪道位于右岸,共3孔,宽12 m,高1.1 m,长435 m,进口设弧形闸门,底槛高程313 m,最大泄量3 740 m^3/s。泄洪洞位于溢洪道和输水洞之间,洞身断面为城门洞形,宽8 m,高10 m,长518.6 m,塔架式进口分2孔,每孔尺寸4 m×7 m,进水高程289.72 m,最大泄量1 175 m^3/s。输水洞主要是灌溉放水和发电引水,长318.72 m,直径3.5 m,进口高程279.25 m,最大泄量200 m^3/s。灌溉洞在泄洪洞和输水洞之间,长314.3 m,内径5.7 m,进口底槛高程291 m,泄洪能力471 m^3/s。

水库于1959年12月开工,1965年8月主体工程建成。1972年3月开始增建灌溉发电洞,1974年完工。1976年至1988年将土坝加高3 m,泄洪洞进口塔架抬高3 m,并对西坝头下游进行了处理。

陆浑水库的主要任务是配合三门峡水库削减三门峡至花园口区间的洪峰流量,以减轻黄河下游的防汛负担。据计算,当发生万年一遇的洪水时,可削减龙门镇洪峰2 700~13 000 m^3/s,可削减花园口洪峰流量1 530~5 770 m^3/s;千年一遇洪水时,可削减龙门镇洪峰流量2 160~9 860 m^3/s,可削减花园口洪峰流量1 300~3 620 m^3/s;百年一遇洪水时,可削减龙门镇洪峰流量1 370~7 760 m^3/s,可削减花园口洪峰流量510~1 680 m^3/s。

第六节 沁河河口村水库

河口村水库位于黄河一级支流沁河最后一段峡谷段出口处,下距五龙口水文站约9 km,地属河南省济源市克井镇,是控制沁河洪水、径流的关键工程,也是黄河下游"上拦下排,两岸分滞"防洪工程体系的重要组成部分。

河口村水库的建设任务以防洪、供水为主,兼顾灌溉、发电、改善生态,并进一步完善黄河下游调水调沙运行条件。河口村水库坝址控制流域面积9 223 km^2,占沁河流域面积的68.2%,占黄河小花间无工程控制区间面积的34%。工程最大坝高122.5 m,坝顶高程288.50 m,坝顶长度530 m,坝顶宽9 m。设计洪水位285.43 m,汛限水位232 m/275 m(前/后汛期),总库容3.26亿 m^3,防洪库容2.48亿 m^3,调节库容1.96亿 m^3,死库容

0.51 亿 m^3，设计洪水位时最大泄量 7 650 m^3/s。属于大(Ⅱ)型水库，主要建筑物为 1 级建筑物，次要建筑物为 2、3 级建筑物，主要建筑物按 500 年一遇洪水设计、5 000 年一遇洪水校核，校核洪水位为 286.97 m。

枢纽建筑物主要包括：拦河混凝土面板堆石坝、泄洪洞、溢洪道及引水发电系统等。泄洪洞有两条，分别布置在高程 190 m 和 210 m 处，洞径为 9 m×13.5 m，设计出水流量 4 129 m^3/s；溢洪道布置在大坝左岸，为开敞式溢洪道，设有 4 孔净宽 11 m 的闸门，设计流量 6 749 m^3/s；引水建筑物设在左岸，最大引水流量 28.6 m^3/s。水库总装机 1.68 万 kW。

水库淹没涉及济源市 1 个镇 12 个自然村 17 个村民组，共 3 004 人，淹没房屋 14.8 万 m^2，工程占地 840 hm^2，农村移民在济源市克井镇本镇安置，以大农业安置为主。

2007 年 12 月 18 日，河口村水库正式动工兴建，建设工期 60 个月。河口村水库是河南省在沁河干流上兴建的第一座控制性工程。水库建成后，可改变黄河小浪底、花园口之间沁河干流暴雨洪水无控制工程的被动局面，使沁河下游防洪标准由不足 25 年一遇提高到 100 年一遇，可有效保障焦作、新乡等豫北工业基地的防洪安全。水库的开工建设，不仅为豫北地区能源基地提供可靠的水源，而且有利于提高河南省水资源与水环境的承载能力。

第三章　豫西黄沁河堤防工程

第一节　黄河堤防

一、基本情况

豫西黄河河段内有铁谢一处堤防工程,位于黄河南岸洛阳市孟津县白鹤、会盟两镇,黄河下游"十五"可研确定为Ⅱ级堤防。堤防长度7.6 km,桩号0+000~7+600,是小浪底水利枢纽工程以下河南黄河右岸最上首的一处堤防工程。工程始建于1873年,后于1934年、1936年、1948年加培修复,但三次加高不足1 m。新中国成立后,先后经过1955年、1956年、1974年、1983年、1992年的加高加宽。1999年按最新堤防设计规范对5+600~7+450段进行加高加固,2001年对0+600~5+600进行了帮宽加固。目前,大堤顶宽8 m,边坡1:3,顶部高程121.57~125.3 m(黄海高程,下同),已达到设计标准。

二、建设情况

孟津铁谢堤防修建于1873年,原为地方修建工程,是为保护汉光武帝陵而建,全长7.6 km。铁谢堤防修建之初,防洪标准低,堤身比较单薄,临背河坡度较陡。孟津黄河河务局(原孟津县黄河管理段)接管之后,经过历年的堤顶盖淤和加高帮宽,才达到目前的标准。

1977年:汛前对14坝~黄河桥头段68 m进行复堤,宽6 m,临河坡度1:1,背河坡度1:1.5,完成土方0.253 7万m^3,投资0.27万元。

1982年:对K4+600~5+300段背河进行泵淤,完成土方0.70万m^3,投资0.55万元。

1989年:对K1+000~3+050背河进行补残,完成土方0.39万m^3,投资1.65万元。

1990年:对铁谢堤防K4+600~5+600段进行加固,完成土方0.20万m^3,投资0.81万元。

1991年:对铁谢村K3+000以西进行补残,完成土方0.17万m^3,投资1.08万元。

1992年:对K3+000~4+600段进行加固,完成土方1.0万m^3,投资30.53万元。

1994年:对K7+000~7+360段进行补残,此次补残主要是针对大堤宽度不够进行帮宽,大堤高程保持不变,完成土方0.37万m^3,投资2.77万元。

1999年:对K5+600~7+450段进行大堤加高,此次加高工程除对大堤高程进行加高外,对临河堤坡进行了培厚,使大堤顶宽、顶高达到了设计标准。临河堤坡坡度达到1:3,背河坡度达到1:2。完成土方5.58万m^3,投资168.97万元。

2000~2001年:对K0+000~5+600段进行了帮宽,此次主要对背河进行帮宽,经加高帮宽后，堤防顶宽 8 m，其中 K0 +000 ~ 5 +600 段临河边坡为 1:2，背河边坡为 1:3。完成土方 11.21 万 m^3，投资 380.87 万元。

第二节　沁河堤防

一、基本情况

豫西所辖沁河堤防两处总长 12.256 km，全部在济源市境内。

沁河右堤：位于沁河上游右岸济源市五龙口镇和梨林镇，堤防总长 10.39 km，大堤桩号 -0 + 188 ~ -10 + 578（0 km 桩位于沁阳境内）。1982 年五龙口站发生 4 240 m^3/s 大洪水后，为保护五龙口以下右岸群众生命及村舍、文物等安全，1983 年在围村民堰基础上进行加宽加高，形成目前沁河济源堤防。该段堤防设防标准为防御沁河武陟站（原小董站）4 000 m^3/s 洪水，堤顶设计高程为 1982 年五龙口站 4 240 m^3/s 实测洪水位加安全超高 1.5 m，现堤顶高程 135.6 ~ 146.6 m、宽度 6 m，边坡 1:3。

沁河左堤：左堤位于沁河左岸济源市五龙口镇，全长 1.866 km，大堤桩号 -2 +046 ~ -0 +180，下界与沁阳左堤连接。该段大堤是 1933 年由当地群众自发修建而成，1953 年进行了加固。

二、建设情况

（一）沁河右岸堤防

沁河右岸堤防始建于 1954 年，时建长度 2.712 km，相应大堤桩号 -0 + 188 ~ -2 + 900。1962 年在河头村修建护村民堰 2.59 km。

1982 年沁河“82 · 8”洪水时，民堰多处出现坍塌、漫溢等重大险情，对沁河防洪构成严重威胁。1983 年在原工程基础上进行培修加固，形成现状堤防。目前工程全长 10.39 km，相应大堤桩号 -0 +188 ~ -10 +578，堤顶设计高程为 1982 年实测洪水位加安全高度 1.5 m，临背河堤坡 1:3，堤顶宽度 6 m。加固后工程设防标准为武陟站（原小董站）4 000 m^3/s。该次工程建设共计完成土方 20 万 m^3，投资 51 万元。

1990 年：对 K -10 +400 ~ -9 +000 堤段背河进行帮坡补残，完成土方 1.00 万 m^3，投资 7.50 万元。

1991 年：对 K -9 +000 ~ -7 +480 堤段背河进行帮坡补残，完成土方 1.33 万 m^3，投资 11.38 万元。

1992 年：对 K -0 +188 ~ -2 +870 堤段背河进行补残，完成土方 1.20 万 m^3，投资 10.5 万元。

2002 年:对 K－10＋400～－6＋000 堤段临河进行加固,完成土方 1.51 万 m^3,投资 38.01 万元。

(二)沁河左岸堤防

沁河左岸堤防始建于 1933 年,工程全长 1.866 km,相应大堤桩号－0＋187～－2＋053,上界起始于五龙口镇逯村,下界与沁阳左堤连接,该处工程残缺严重。

第三节　涵闸(洞)、桥梁、管线

一、涵闸(洞)

(一)黄河堤防穿堤涵闸(洞)

黄河堤防穿堤涵闸(洞)见表 3-1。

表 3-1　黄河堤防穿堤涵闸(洞)　　(高程系:黄海,m)

大堤桩号	尺寸		结构	形状	闸板	底部高程	顶部高程	堤顶高程
	高(m)	宽(m)						
0＋560	3	2	砖石	拱形	无	119.397	122.397	124.83
0＋800	2.5	1.4	砖石	双洞拱形	无	119.02	121.52	124.71
1＋800	2.2	3.7	砖石	矩形	无	119.783	121.983	124.78
2＋350	1.7	1.4	砖石	矩形	无	117.647	119.347	124.38
3＋300	1.7	1.4	砖石	矩形	无	117.647	119.347	123.52
3＋500	1.6	1.75	砖石	矩形	无	120.209	121.809	123.92
3＋600	2	3	砖石	拱形	无	119.655	121.655	123.58
3＋820	2	3	砖石	矩形	无	118.893	120.893	123.58
4＋510	1.2	1.1	砖石	拱形	无	118.717	119.917	123.48
5＋710	1	1	涵管	圆形	无	118.03	119.03	121.93

(二)黄河控导工程涵洞

黄河控导工程涵洞见表 3-2。

表 3-2　黄河控导工程涵洞　　(高程系:黄海,m)

序号	位置	尺寸		结构	形状	闸板	底部高程	顶部高程
		高(m)	宽(m)					
1	2～3 坝间	0.7	0.8	浆砌	方形	无	114.57	115.27
2	3～4 坝间	1.5	2	浆砌	方形	无	114.95	116.45
3	5～6 坝间	1.7	2	浆砌	方形	无	114.05	115.75
4	6～7 坝间	1.5	2	浆砌	方形	无	113.72	115.22
5	7～8 坝间	1.2	0.8	浆砌	方形	无	113.94	115.14
6	9～10 坝间	1.8	2	浆砌	方形	无	114.68	116.48

续表 3-2

序号	位置	尺寸		结构	形状	闸板	底部高程	顶部高程
		高(m)	宽(m)					
7	12～13 坝间	0.5	0.5	涵管	圆形	无	113.71	114.21
8	14～15 坝间	1	1	涵管	圆形	无	114.11	115.11
9	16～17 坝间	0.5	0.5	涵管	圆形	无	114.04	114.54
10	17～18 坝间	1	1	涵管	圆形	无	114.24	115.24
11	18～19 坝间	0.5	0.5	涵管	圆形	无	113.70	114.20
12	21～22 坝间	0.5	0.5	涵管	圆形	无	111.53	112.03
13	24～25 坝间西	0.5	0.5	涵管	圆形	无	113.20	113.70
14	24～25 坝间东	1	1	涵管	圆形	无	113.15	114.15
15	27～28 坝间	1.2	1	砖石	拱形	无	113.20	114.40

(三)沁河堤防穿堤涵闸(洞)

沁河堤防穿堤涵闸(洞)见表 3-3。

表 3-3　沁河堤防穿堤涵闸(洞)　　(高程系:黄海,m)

名称	大堤桩号	尺寸		结构	形状	闸板	底部高程	顶部高程
		高(m)	宽(m)					
	右堤							
沙后灌溉闸	K－0＋500	Φ0.5		混凝土	混凝土涵管	无	132.65	135.40
广利第二渠首闸	K－1＋082	2.6	1.8	砖石	毛料石洞墙半圆砖拱	有		135.50
屈东排水闸	K－1＋574	1.95	1.79	砌石	浆砌石拱涵	有	131.40	135.83
屈东东灌溉渠	K－1＋800	1	1.1	混凝土	混凝土盖板	无	134.56	136.04
屈西东排水闸	K－2＋192	1.95	1.79	砌石	浆砌石拱涵	有	131.52	136.28
屈西北排水管	K－2＋426	Φ0.53		混凝土	混凝土涵管	无	133.34	136.42
丰收渠	K－2＋822	0.73	0.85	混凝土	混凝土盖板	无	135.43	
屈西西排水闸	K－3＋119	1.95	1.35	砌石	浆砌石拱涵	有	131.84	136.73
鸭厂灌溉涵管	K－3＋194	Φ0.3		混凝土	混凝土涵管	无	134.64	136.88
安村东排水闸	K－3＋572	1.85	1.67	砌石	浆砌石拱涵	有	131.80	136.51
安村西石渠	K－3＋995	0.5	1.05	混凝土	混凝土顶板	无	136.14	137.45
大许 6 号排水闸	K－4＋561	1.9	1.43	砌石	浆砌石拱涵	有	132.40	137.36
大许 5 号排水闸	K－4＋705	Φ0.74		混凝土	混凝土涵管	有	133.64	137.58
大许 4 号排水闸	K－4＋913	Φ0.74		混凝土	混凝土涵管	有	135.12	137.71
大许 3 号排水闸	K－5＋156	Φ0.74		混凝土	混凝土涵管	有	134.85	137.79
大许 2 号排水闸	K－5＋345	Φ0.74		混凝土	混凝土涵管	有	135.00	137.85
大许 1 号排水闸	K－5＋492	Φ0.74		混凝土	混凝土涵管	有	134.60	137.94
大许西石渠	K－5＋807	0.5	0.9	混凝土	混凝土顶板	无	137.58	138.02

续表 3-3

名称	大堤桩号	尺寸		结构	形状	闸板	底部高程	顶部高程
		高(m)	宽(m)					
辛梨交界闸	K-6+156	1.8	1.15	砌石	浆砌石拱涵	有	133.60	138.13
和庄南闸	K-6+652	2	1.34	砌石	浆砌石拱涵	有	134.60	138.73
和庄东闸	K-7+187	Φ0.74		混凝土	混凝土涵管	有	136.11	139.30
河头灌溉闸	K-8+050	1.5	2.3	砌石	浆砌石拱涵	有	139.37	141.98
河头排水闸	K-8+712	2.35	1.95	砌石	浆砌石拱涵	有	136.10	142.15
河头电站灌溉渠	K-8+747	1.5	2.3	砌石	浆砌毛料石拱涵	无	139.37	141.98
大利河闸	K-10+447	2.4	1.93	砌石	浆砌石拱涵	有	140.10	146.98
左堤								
马村	K-1+103	1.7	0.47	混凝土	涵洞	无		
马村东	K-1+296			混凝土	涵洞	无		

二、桥梁

(一)黄河桥梁

1. 三门峡黄河公路大桥

三门峡黄河公路大桥位于黄河三门峡工程大坝上游15 km处,南接河南省三门峡市,北连山西省运城市平陆县。全长1 310.09 m,宽18.5 m,是沟通大河南北交通的“咽喉工程”。

三门峡黄河公路大桥于1991年初开始施工,1993年12月建成通车。该桥由河南省交通规划设计院设计,铁道部大桥局一处施工建设。大桥设计运用年限为100年,孔跨布置为105 m+4×160 m+105 m+9×50 m。设计荷载等级为汽-20、挂-120,地震基本烈度为Ⅷ度。

2. 三门峡坝下公路桥

三门峡坝下公路桥左岸为山西平陆县三门乡寨后村,右岸是河南省三门峡市高庙乡,上距三门峡大坝500 m,桥长204 m,桥面宽8.5 m,连接线路等级为四级乡村道路。该桥由水利电力部第十一工程局设计,为5孔41 m跨钢结构桥。

3. 南村黄河公路大桥

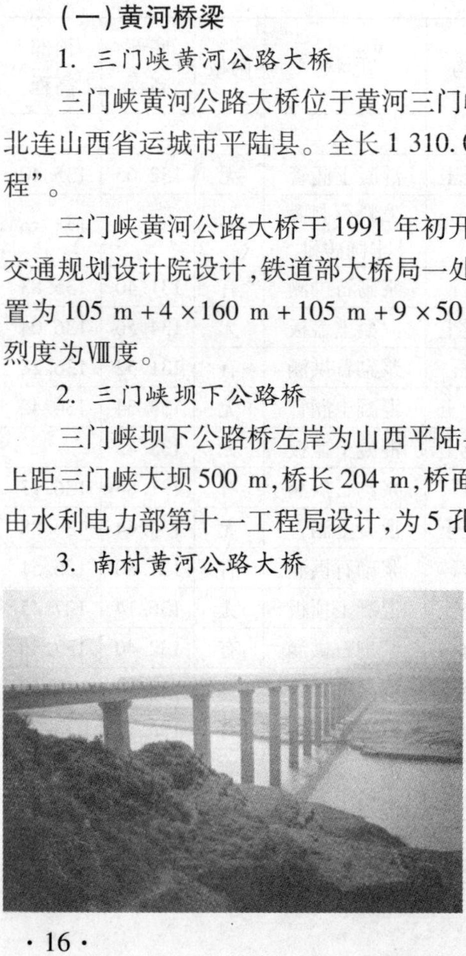

南村黄河公路大桥位于小浪底水利枢纽库区,下距小浪底大坝约100 km,南岸为河南省渑池县南村乡,北岸为山西省垣曲县古城镇,是小浪底工程移民项目的组成部分,也是一项库区交通战备恢复项目。大桥于1998年12月27日动工修建,2002年8月30日建成通车。

该桥由黄河水利委员会勘测规划设计研究院设计,河南黄河工程局承建。大桥全长

1 456.36 m，桥宽 7.8 m，总投资 6 972.69 万元。全桥共 29 孔，孔距 50 m，采用简支 T 型梁。桥梁等级为特大桥，地震基本烈度为Ⅵ度，设计荷载等级为汽－超 20、挂－100，防洪标准为百年一遇，设计流量 13 320 m^3/s，设计水位 275.10 m。通航标准为 4 级，通航桥孔最低下弦高程 279.405 m。

4. 小浪底工程专用公路桥

小浪底工程专用公路桥位于小浪底大坝下游 2.2 km 处，南岸接河南省孟津县王良乡河清村，北岸接河南省济源市蓼乌村，是为小浪底水利枢纽建设与管理而修建的前期工程项目。于 1991 年 9 月开工建设，1994 年 4 月建成通车。

该桥由小浪底水利枢纽建设管理局建设，黄河水利委员会勘测规划设计研究院和河南省交通厅勘测规划设计研究院设计，河南黄河工程局承建，小浪底水利枢纽建设管理局管理。大桥全长 508.26 m，桥面总宽 16.7 m，总投资 4 500 多万元。全桥孔跨布置共 10 孔 50 m。设计荷载等级为汽－85、拖－145，为黄河上承载力最大的桥梁（见表 3-4）。

表 3-4　小浪底工程专用公路桥基本情况

桥梁等级	特大桥	地震烈度	Ⅶ度	荷载等级	汽－85、拖－145
防洪标准	1/100	设计流量	17 000 m^3/s	设计水位	140.65 m
通航标准	通过 7 m 高船	通航水位	常水位 135 m	通航桥孔最低下弦高程	142.00 m
接线等级	盘山公路三级	堤桥交叉方式		堤顶高程	左右岸均为山体
河槽冲刷深度	15 m 左右（设计）	滩地冲刷深度	8～12 m（设计）	跨堤处桥梁下弦高程	
设计运用期后河道淤积厚度		最大壅水高度	0.8～1.0 m	壅水范围（长度）	0.45～0.5 km
审查同意时间		开工建设时间	1991 年 9 月	竣工通车时间	1994 年 4 月

5. 焦枝铁路黄河大桥

焦枝铁路黄河大桥位于豫西大峡谷末端，南岸接洛阳市孟津县会盟镇，北岸为济源市坡头镇。大桥于 1969 年 10 月开工，1970 年 6 月建成，1975 年 7 月投入运营。

焦枝铁路起自太焦铁路月山站（河南省焦作市境内），终至湖南省宜都县枝城镇，全长 753 km。1978 年枝柳线建成，1987 年两路连通，统称焦柳线。该铁路在柳州与湘桂线相连，延伸到北海、湛江等北部湾沿海港口城市，从而构成我国纵贯南北的又一铁路干线大动脉。

该桥由郑州铁路局建设，交通部大桥工程局勘测设计处设计，交通部大桥工程局第一桥梁工程处承建，现由郑州铁路局洛阳分局管理。大桥全长917.62 m，为铁路（上行）单行线，桥面宽5.75 m，无通航要求。全桥共12孔，孔跨布置为11孔80 m下承式钢梁加1孔跨度31.7 m预应力混凝土梁（见表3-5）。

表3-5 焦枝铁路黄河大桥基本情况

桥梁等级	特大桥	地震烈度	Ⅶ度	荷载等级	中活载－22
防洪标准	1/300	设计流量	22 400 m^3/s	设计水位	135.50 m
通航标准	不通航	通航水位		通航桥孔最低下弦高程	142.00 m
接线等级	铁路	堤桥交叉方式		堤顶高程	左右岸均为山体
河槽冲刷深度	15 m左右	滩地冲刷深度	6～10 m（设计）	跨堤处桥梁下弦高程	
设计运用期后河道淤积厚度		最大壅水高度	0.5～0.65 m	壅水范围（长度）	1.5～1.8 km
审查同意时间		开工建设时间	1969年10月25日	竣工通车时间	1970年6月5日

6. 焦枝铁路复线黄河大桥

焦枝铁路复线黄河大桥是我国南北交通铁路干线的重要组成部分，位于焦枝铁路黄河大桥下游1 km处，南岸为河南省孟津县白鹤乡王庄，北岸为河南省济源市坡头镇留庄。大桥于1992年3月开工建设，1994年6月竣工通车。

该桥由郑州铁路局建设，交通部大桥工程局勘测设计处设计，交通部大桥工程局承建，郑州铁路局洛阳分局管理。大桥全长2 802.8 m，为铁路单行线（下行），桥面宽6.6 m，总投资16 722万元，全桥共57孔，孔跨布置为6孔32 m预应力混凝土梁和51孔跨度50 m预应力混凝土梁（见表3-6）。

表3-6 焦枝铁路复线黄河大桥基本情况

桥梁等级	特大桥	地震烈度	Ⅶ度	荷载等级	中活载－22
防洪标准	1/300	设计流量	22 400 m^3/s	设计水位	132.98 m
通航标准		通航水位		通航桥孔最低下弦高程	
接线等级	铁路	堤桥交叉方式	平交	堤顶高程	左右岸均为山体
河槽冲刷深度	15 m左右（设计）	滩地冲刷深度	6～10 m（设计）	跨堤处桥梁下弦高程	
设计运用期后河道淤积厚度		最大壅水高度	0.5～0.65 m	壅水范围（长度）	1.5～1.8 km
审查同意时间	1990年11月25日	开工建设时间	1992年3月11日	竣工通车时间	1994年6月

7. 洛阳黄河公路大桥

洛阳黄河公路大桥位于黄河中下游过渡河段，南距洛阳 30 多 km，是 207 国道（广东湛江至内蒙古锡林浩特）上的一座重要桥梁。南岸是河南省孟津县会盟镇雷河村，北岸为河南省洛阳市吉利区。

该桥由铁道部隧道大桥局建设，交通部大桥局第一处设计施工，洛阳市公路管理局管理。大桥为单幅桥，由北引桥工程、主桥工程、南引桥工程三部分组成，全长 3 428.93 m，桥面宽度 11.5 m。设计运用年限为永久性，总投资 4 037.3 万元。孔跨布置为 67 × 50 m。上部结构为 5 片预应力钢筋混凝土 T 型简支梁；下部结构墩身为多柱墩，两桥台为圆形沉井基础、后仰式混凝土桥台，桩基为钢筋混凝土钻孔灌注桩基础。

该桥采用平交方式与黄河两岸（堤防）交叉。大桥桥位处黄河河段为山区河流向平原河流的过渡段，河床纵比降为 0.22‰，该河段经过长期治理，河势基本得以控制。目前桥位段规划整治河宽约 800 m。桥位处主流偏向右岸，右岸为铁谢险工，是黄河下游游荡性河段整治的龙头工程。左岸无堤防，漫滩广阔，堆积作用明显。桥位处，右河滩宽 950 m，左河滩宽 1 500 m，槽宽 800 m，河槽最大摆动宽度 1 000 m（见表 3-7）。

表 3-7　洛阳黄河公路大桥基本情况

桥梁等级	特大桥	地震烈度	Ⅶ度	荷载等级	汽－超 15、挂－80
防洪标准		设计流量	23 000 m^3/s	设计水位	
通航标准	4 级	通航水位	120.63 m	通航桥孔最低下弦高程	
接线等级	二级	堤桥交叉方式	平交	堤顶高程	左岸无堤，右岸 122.10 m
河槽冲刷深度	14 ~ 15 m	滩地冲刷深度	5 ~ 8 m	跨堤处桥梁下弦高程	左岸无堤，右岸 122.10 m
设计运用期后河道淤积厚度	河床为鹅卵石不淤积	最大壅水高度	0.3 ~ 0.38 m	壅水范围（长度）	1.5 ~ 2.0 km
审查同意时间	1970 年 10 月	开工建设时间	1971 年 2 月	竣工通车时间	1977 年 1 月 2 日

8. 二广高速公路黄河特大桥

二广高速公路黄河特大桥位于小浪底大坝下游约 25 km 处，上距洛阳黄河大桥 750 m，南岸是河南省孟津县会盟镇，北岸是河南省洛阳市吉利区，为二连浩特到广州高速公路上跨越黄河的一座特大型桥梁。大桥投资概算 4.6 亿元，2002 年 12 月开工建设，2005 年竣工。

该桥全长 4 011.86 m，桥面宽 28.98 m，设计双向 4 车道。由河南省济洛高速公路有限公司建设管理，中交第一公路勘察设计研究院和河南省交通规划勘察设计工程院设计，中铁大桥集团有限公司（主桥）和路桥华南工程公司（北岸引桥）承建。

大桥为双幅分离式结构，由北引桥、主桥和南引桥三部分组成。主桥为2联12孔50 m预应力混凝土等截面连续箱梁，下部为实体花瓶形墙式墩身，单排桩径2.0 m钻孔灌注桩基础，承台厚2.5 m预应力混凝土简支T型梁；引桥桥墩为单排双柱式墩身，桩顶设有横系梁，桩基为钻孔灌注桩基础，直径2.0 m钻孔灌注桩基础每墩双幅4根。大桥主桥于2004年11月15日正式合龙。

该桥采用平交方式与黄河堤防交叉，并在大堤侧修建辅助道路，同时为满足紧急防汛抢险交通需要，在路堤相交处增设紧急通道口及连接大堤的应急道路。另外，为改善河势下挫、减轻南岸桥墩冲刷，在新桥下游以右岸工程为依托修建一道长500 m的潜坝，有明显效果。

大桥桥位处黄河河段为山区河流向平原河流的过渡段，两岸地面标高在116～119 m范围内，河床比降为0.22‰。该河段规划流路为白鹤—白坡—铁谢—逯村—花园镇，经过长期治理和工程的不断完善，河势基本得以控制。桥位处河段主流偏向右岸，右岸为铁谢险工，是黄河下游游荡性河段整治的龙头工程，左岸无堤，漫滩广阔，堆积作用明显。目前桥位段规划整治河宽约800 m。桥位滩宽950 m（右）和1 500 m（左），槽宽800 m，河槽最大摆动宽度1 000 m（见表3-8）。

表3-8 二广高速公路黄河特大桥基本情况

桥梁等级	特大桥	地震烈度	Ⅶ度	荷载等级	汽－超20、挂－120
防洪标准	1/300	设计流量	11 000 m^3/s	设计水位	118.64 m
通航标准	4级	通航水位	120.63 m	通航桥孔最低下弦高程	117.20 m
接线等级	高速公路	堤桥交叉方式	平交	堤顶高程	左岸无堤，右岸121.90 m
河槽冲刷深度	14～15 m	滩地冲刷深度	5～8 m	跨堤处桥梁下弦高程	左岸无堤右岸121.90 m
设计运用期后河道淤积厚度	2050年前桥位河段不淤积	最大壅水高度	0.3～0.38 m	壅水范围（长度）	1.5～2.0 km
审查同意时间	2002年8月3日	开工建设时间	2002年12月18日	竣工通车时间	2005年

（二）沁河桥梁

1. 侯月铁路嘉峰至月山段沁河16号桥

沁河16号桥是侯月铁路嘉峰至月山段的重要组成部分，该桥跨越沁河，南接河南省济源市月山，北接山西省侯马县，全长317.68 m，桥面净宽5.75 m。工程于1990年11月29日开工建设，1993年3月1日建成通车。

该桥由交通部大桥工程局勘测设计院设计，铁道部第五工程局第四工程处承建，建成后由郑州铁路分局洛阳北工务段管理。设计运用年限为100年，大桥为铁路桥，桥梁荷载为中活载-22，地震基本烈度为Ⅵ度，防洪标准和设计流量为百年一遇5 718 m^3/s，设计水位348.65 m。全桥为2联(9孔32 m+1孔16 m)预应力混凝土梁桥。

2. 沁河35号铁路上行桥

沁河35号铁路上行桥是侯月线的重要组成部分，该桥跨越沁河，南接河南省焦作市，北接宝丰，全长310.48 m，桥面净宽5.75 m。工程于1969年11月1日开工建设，1970年3月4日建成通车。

3. 沁河35号铁路下行桥

沁河35号铁路下行桥是侯月线复线的重要组成部分，该大桥跨越沁河，南接河南省济源市月山，北接山西省侯马县，全长448.72 m，桥面净宽5.75 m。工程于1994年10月8日开工建设，1995年7月30日建成通车。

4. 二广高速公路沁河特大桥

二广高速公路沁河特大桥位于济源市五龙口镇省庄村西南，上距沁河五龙口水文站基本水尺断面270 m，下距焦柳铁路桥60 m。2005年4月13日黄委以黄水政字〔2005〕3号文批复同意，该桥由中铁十局二公司承建。

桥址所在河段为峡谷型河流向平原型河流过渡交界处，主河槽宽约118 m，河谷宽约450 m。河道平缓，河床由砂卵石组成，纵坡较小，河水常年不断，但不通航。桥址区地面高程介于140～208 m，相对高差约68 m。设计桥面与地面高差达49 m，全长760 m。桥位断面百年一遇设计洪峰流量为6 180 m^3/s，相应设计洪水位153.06 m。设计桥跨50 m，上部为15×50 m预应力混凝土连续T型梁，下部采用壁空心墩、桩基础。桥面设计高程在188 m以上，下弦最低点高程为179.07 m。

5. 207国道五龙口沁河大桥概况

207国道五龙口沁河大桥于1994年10月正式开工，1996年10月1日建成，相应大堤桩号 K－9＋900。该桥全长424.08 m，按基本抗震烈度Ⅶ度设防，桥面宽24 m（净15 m行车道＋2×4.5 m 非机动车道和人行道），设计使用年限20年。

该桥设计流量为6 100 m^3/s（百年一遇），相应水位144.96 m，设计平均流速3.16 m/s。百年一遇洪水时桥下总冲刷深度为4.11 m，冲止标高为134.83 m。

该桥与沁右堤交角约90°，上部构造为跨径20 m 预应力混凝土简支空心板，桥面连续，下部采用单排架柱式墩台，钻孔灌注桩基础，钢筋混凝土盖梁。桥墩立柱直径为1.3 m，基桩直径1.5 m；桥台立柱直径1.2 m，基桩直径1.5 m，桥面中心设计标高为148.06 m，桥头引道长2 211.39 m，引道路基宽度24 m。

三、管线

1. 洛阳—驻马店成品油管道穿黄工程

洛阳—驻马店成品油管道工程建设目的是将洛阳炼油厂的成品油输送至中石化股份河南石油分公司郑州市二里岗油库及许昌市贺庄油库和驻马店油库，以满足河南省中南部地区系统经营量的需求，并适应将来华北成品油管网的建设，满足从华北地区调拨成品油进入本成品油管道的要求，同时修建一条管道支线向洛阳市中沟村的洛阳油库供油。

洛阳—驻马店成品油管道主干线起点位于黄河北岸洛阳石化2号、3号、4号成品罐区南侧的洛阳首站，终点为驻马店油库内的驻马店末站。

洛阳—驻马店成品油管道穿黄工程北岸入口位于黄河温孟滩移民安置区临黄防护堤5＋666处，南岸出口位于孟津铁炉工程2坝上游约1 500 m处，穿黄管道直径为355.6 mm，穿越管道长度1 585 m，穿越深度约45 m。

2. 华能沁北电厂中水管线穿沁工程

沁北电厂二期工程供水以济源市城市中水作为电厂的补充水源，中水补给管线在济源市五龙口镇五龙头村穿越沁河，中水管线穿越沁河河道管道总长为1 242.3 m，包括中水管线爬越沁河右岸大堤。

中水管道在沁河右堤 K－9＋200 处与大堤约46.62°相交，原堤顶宽约6 m，高程143.54 m，设计流量为3 360 m^3/s，相应设计洪水位为140.66 m。中水管道中心线两侧各取15 m作为堤顶纵向连接长度，总长30 m，两端以1∶50纵坡与堤顶连接，大堤加高总长度为274 m，相应大堤桩号为K－9＋043～－9＋317，大堤帮宽至8 m，临背河堤坡1∶3。管顶覆土厚1.5 m，覆土后堤顶高程为145.84 m。

为保护中水管道和沁河堤防，在中水管线工程爬堤临河侧设防护护岸，相应大堤桩号为K－9＋120～－9＋220，设计护岸顶高程与原沁河右堤顶平，为143.50 m。护岸工程内、外边坡1∶3，水平宽度1.9 m，垂直厚度0.6 m。管线上游侧护岸长80 m，下游侧护岸长20 m，护岸总长100 m。

第四章　豫西黄沁河河道工程

第一节　黄河河道工程

一、三门峡黄河河道工程

三门峡市境内的黄河河道治理、黄河防汛和移民工作由三门峡市黄河河务移民管理局承担。

三门峡水库河南库区是指灵宝市豫灵镇杨家村至三门峡大坝段右岸黄河三门峡水库范围，涉及灵宝市、陕县、湖滨区3县(市)区。三门峡水库建成后，在防洪(包括防凌)、灌溉、发电等方面发挥重要作用的同时，由于波浪冲击和水流顶冲，致使三门峡库区高岸坍塌严重，不但耕地塌失，还迫使一些村庄迁移，群众的生命财产安全受到威胁。

20世纪70年代后，三门峡库区库周塌岸引起国家及地方政府的高度重视。1975年4月3日，国家水利电力部给晋、豫、陕三省水利局的通知中，要求三省编制计划和急需兴建的工程设计，报水利电力部审批。自此，该河段库区治理纳入国家基建计划，由黄委全面负责组织三省实施。

自1977年至2005年底，三门峡水库河南库区累计修建工程23处，长39.11 km，坝垛243道、护岸32段。

1. 鸡子岭工程

工程位于灵宝市豫灵镇阌底、杜家村北，黄淤37断面至38断面之间，距三门峡大坝约100.55 km。工程始建于1979年，现有坝垛86道、护岸1段，工程长度5 200 m。

2. 盘西工程

工程位于灵宝市故县镇盘西、盘东村北，黄淤34断面至36断面之间，距三门峡大坝约89.7 km。工程始建于1977年，现有坝垛26道、护岸3段，工程长度3 217 m。

3. 阌东工程

工程位于灵宝市西阎乡阌东村北，黄淤32断面至33断面之间，距三门峡大坝78 km。工程始建于1983年，现有坝垛30道、护岸1段，工程长度1 748 m。

4. 杨家湾工程

工程位于灵宝市西阎乡杨家湾村北，黄淤31断面至32断面之间，距三门峡大坝约74.5km。工程始建于1978年，现有坝垛36道、护岸3段，工程长度3 834 m。

5. 东古驿工程

工程位于灵宝市西阎乡东、西古驿村北，黄淤28断面至30断面之间，距三门峡大坝约65 km。工程始建于1981年，现有坝垛38道、护岸2段，工程长度4 262 m。

6. 老城工程

工程位于灵宝市大王镇老城村西沙岭下，黄淤 26 断面上下，距三门峡大坝 51. 4 km。工程始建于 1978 年，现有护岸 1 段，工程长度 600 m。

7. 后地工程

工程位于灵宝市大王镇后地村西，黄淤 25 断面上下，距三门峡大坝 48. 9 km。工程始建于 1995 年，现有坝垛 12 道、护岸 1 段，工程长度 1 000 m。

8. 北村工程

工程位于灵宝市大王镇北营、北村村北，黄淤 22 断面至 23 断面之间，距三门峡大坝约 43 km。工程始建于 1977 年，现有坝垛 2 道、护岸 1 段，工程长度 863 m。

9. 北营工程

工程位于灵宝市大王镇北营村境内，黄淤 23 断面，距三门峡大坝约 44. 35 km。工程始建于 1977 年，现有护岸 1 段，工程长度 535 m。

10. 冯佐工程

工程位于灵宝市大王镇冯佐村北，黄淤 21 断面上下，距三门峡大坝约 38. 6 km。工程始建于 1996 年，现有坝垛 13 道、护岸 1 段，工程长度 1 000 m。

11. 城村工程

工程位于陕县大营镇城村村北，黄淤 19 断面至 20 断面之间，距三门峡大坝约 32. 3 km。工程始建于 1979 年，现有护岸 2 段，工程长度 450 m。

12. 辛店工程

工程位于陕县大营镇辛店村北，黄淤 18 断面至 19 断面之间，距三门峡大坝约30 km。工程始建于 1978 年，现有护岸 2 段，工程长度 1 490 m。

13. 桥头工程

工程位于陕县张湾乡桥头村西北，黄淤 18 断面至 19 断面之间，距三门峡大坝约 28. 75 km。工程始建于 1988 年，现有护岸 1 段，工程长度 951 m。

14. 七里工程

工程位于陕县张湾乡七里堡村北，黄淤 18 断面，距三门峡大坝约 27. 3 km。工程始建于 1977 年，现有护岸 1 段，工程长度 2 625 m。

15. 老君庙工程

工程位于三门峡经济技术开发区南关村西，黄淤 17 断面至 18 断面之间，距三门峡大坝约 25. 6 km。工程始建于 1992 年，现有护岸 1 段，工程长度 440 m。

16. 南关工程

工程位于三门峡经济技术开发区南关村北，黄淤 17 断面，距三门峡大坝约 24. 6 km。工程始建于 1984 年，现有护岸 1 段，工程长度 1 240 m。

17. 风景区工程

工程位于陕州风景区，黄淤 15 断面，距三门峡大坝约 21. 3 km。工程始建于 1991 年，现有护岸 1 段，工程长度 130 m。

18. 后川工程

工程位于三门峡经济技术开发区后川村北，黄淤 14 断面至 15 断面之间，距三门峡大坝约 18.2 km。工程始建于 1977 年,现有护岸 1 段,工程长度 1 367 m。

19. 会兴工程

工程位于湖滨区会兴村北,黄淤 11 断面附近,距三门峡大坝约 13 km。工程始建于 1980 年,现有护岸 2 段,工程长度 1 665 m。

20. 王官工程

工程位于湖滨区会兴渡口下游,黄淤 8 断面附近,距三门峡大坝约 9.1 km。工程始建于 1986 年,现有护岸 1 段,工程长度 2 100 m。

21. 东坡工程

工程位于湖滨区会兴镇西河底至东坡村,黄淤 6 断面至 8 断面之间,距三门峡大坝约 8.5 km。工程始建于 1982 年,现有护岸 1 段,工程长度 1 337 m。

22. 小安工程

工程位于湖滨区高庙乡小安村北,黄淤 3 断面至 4 断面之间,距三门峡大坝约 5.5 km。工程始建于 1982 年,现有护岸 1 段,工程长度 460 m。

23. 大安工程

工程位于湖滨区高庙乡大安村北,黄淤 2 断面以上,距三门峡大坝约 2.6 km。工程始建于 1979 年,现有护岸 1 段,工程长度 1 424 m。

二、洛阳黄河河道工程

1. 孟津铁谢险工

工程位于孟津县白鹤、会盟两镇,黄河右岸小浪底坝下 24 km 处,西起白鹤镇牛庄,东至会盟和家庙,全长 7.6 km。始建于 1873 年,相传为保护汉光武帝陵而建;20 世纪 50 年代由孟津黄河管理段接管;70 年代初,被列入河道整治节点工程。工程迎接白坡工程来溜,送溜于孟州逯村工程,其防御标准为黄河小浪底站 17 000 m^3/s 洪水。铁谢险工与铁谢大堤相配套,有效地保证了孟津白鹤和会盟镇 6 667 hm^2 土地和 10 余万人的生产生活安全。由于工程上下不是一个完整的平顺弯道,特别是下首弯道较缓,所以从 1973 年到 1986 年分别对工程上首进行了填湾,下首进行了续建。1973 年修建了填湾 1、2 坝,1982 年修建了下延 1、2 坝,1983 年修建了填湾 3、4 坝,1984 年修建了下延 3、4 坝,1985 年修建了下延 5 坝,1986 年修建了填湾 5 坝,1998 年又对下延 4 坝进行了加高改建。2000 年为了增强工程送溜能力,在工程下道修建了 300 m 潜坝。2003 年为了减小二广高速公路桥对工程的影响,修建了铁谢潜坝 550 m(15 坝)。铁谢险工现有坝 29 道(1 ~ 19 坝、填湾 1 ~5坝、下延 1 ~5 坝),潜坝 2 道,垛 73 个,护岸 26 段,共 130 个单位工程。

2. 孟津白鹤控导工程

工程位于孟津县白鹤镇,黄河右岸小浪底坝址下 18 km 处,是黄河下游河道整治的第一处控导工程,工程上接西霞院工程来溜,送溜至白坡工程。工程始建于 1946 年,当时有 2 坝、2 垛,50 年代初孟津黄河管理段成立后接管。为改善工程面貌,进一步控导河势,于 1997 年修建了 8 ~9 坝,1998 年修建了 1 ~4 坝,1999 年对原有的河涧坝、渡口坝(新编坝号 0 坝、5 坝)及 6 ~7 垛进行了整修。现工程长度 800 m,有丁坝 8 道(0 ~5、8 ~9 坝),垛 2 个(6 ~7 垛),坝顶宽度均为 15 m,坝顶高程 0 坝为125.708 m,5 坝为 125.874 m,其余坝垛为123.30 m。裹护段坦石外坡1∶1.5，非裹护段土坡1∶2。该工程各坝垛历年靠河较紧，有较好的控导护滩作用，整治效益明显。

3. 孟津花园镇控导工程

工程位于孟津县会盟镇台荫至小寨，黄河右岸小浪底坝址下39 km、洛阳公路桥下12.5 km处，为黄河洛阳段最下首河道整治工程。工程始建于1964年，是地方政府修建的民办公助护滩工程，当时修建丁坝3道（新编坝号14、19、21坝），1970年在3道坝以上岸边又被水流冲出一个石坝，接长为7号坝。1971年春修16坝，同年工程由孟津黄河管理段接管，纳入河道整治规划节点工程，上迎逯村工程来溜，送溜至开仪工程。1972年1月，修17、20两丁坝，同年修8～12坝和17、18坝。1973年末、1974年初修13、15坝，1974年末上延丁坝6道（1～6坝）、垛2座。1975年工程全部脱河，1987年21坝开始靠河，由于工程下首靠河，导流无力，致使下游对岸开仪工程常年脱河，为此，自1988年开始对工程进行续建。1988年修建23、24坝，同年接管地方修建的22坝；1989年20坝靠河，又续建26坝，同年接管由地方修建的25坝；1990年续建28坝，同年接管地方修建的27坝；1991年又续建29坝；2007年对除27坝以外的28道坝及联坝进行了全面改建。现工程长度3 900 m，有坝29道、垛2个，防御标准为当地5 000 m^3/s。现状丁坝顶宽15 m左右，联坝顶宽10 m，土坝体边坡1∶2。

4. 孟津铁炉护滩工程

工程位于孟津县会盟镇铁炉村，黄河右岸小浪底坝址下35 km、洛阳公路桥下8.5 km，工程始建于1649年，1957年冲毁，1958年被抄后路；1964年，由当地政府编制设计，河南黄河河务局批准修建丁坝两道，主要作用是保护坝后滩地安全；1972年该工程由孟津黄河管理段接管，1975年该工程脱河；90年代初至今，工程前滩岸逐年坍塌；1998年汛后2坝靠河70余m，2001年对其进行了整修加固。现2坝长500 m，坝顶高程115.00 m（黄海高程），顶宽10 m，裹护长度120 m，裹护体外坡1∶1.5，土坝基坡度1∶2。

5. 孟津高家庄护滩工程

工程位于孟津县白鹤镇，黄河右岸小浪底坝址下游17 km处。始建于1996年，主要是保护滩地和村庄安全，现工程长度600 m，有垛8座、护岸5段。

6. 吉利白坡控导工程

工程位于洛阳市吉利区白坡村，黄河左岸小浪底坝址下20 km处，工程始建于1969年，原有堵串坝1道。1998年为进一步控导河势、保护滩地及吉利石化厂黄河滩水源地安全、迎接白鹤工程来溜，修建完成了1～12丁坝，1999年为遏制堵串坝上首滩地坍塌坐湾，修建潜坝1道，长200 m。该工程现有长度1 400 m，丁坝13道（堵串坝、1～12坝），潜坝1道。1～12坝顶宽15 m，坝顶高程为122.70 m，非裹护段土坡1∶2，裹护段坦石外坡1∶1.5，裹护总长1 640 m。潜坝顶宽4.5 m，坝顶高程119.10 m，该工程1～4坝常年靠溜较紧。

7. 吉利南陈护滩工程

工程位于洛阳市吉利区南陈村，黄河左岸小浪底坝址下游16.5 km处。始建于1997年，主要是保护滩地和村庄安全，现工程长度605 m，有垛5座。

8. 洛阳黄河公路大桥护岸工程

工程位于洛阳黄河公路大桥北端吉利区境内，主要是保护公路桥基础安全。始建于1976年，现工程长度1 200 m，有护岸2段。

第二节 沁河河道工程

一、济源五龙口险工

工程位于沁河出山口处，沁河右岸五龙口镇，是沁河河南河段的第一处险工。1983年修建，1985年、1989年进行了改建，现工程长度211 m，有垛1座、护岸2段，相应大堤桩号 -10 +578 ~ -10 +417。

二、济源沙后险工

工程位于沁河右岸济源市梨林乡沙西、沙后两村相邻段，距五龙口险工9.45 km，相应大堤桩号 -0 +900 ~ -1 +200。工程于1970年抢修2座垛、1道坝，1971年进行抛石加固，1993年、1995年先后两次遭受洪水冲刷，1998年进行了改建。现工程长度300 m，有2道坝、2座垛、1段护岸。

三、济源中水穿沁护岸工程

工程位于沁河右堤桩号 K－9＋200 处，2007 年 8 月竣工，防护护岸分上下两段，高程均为 143.50 m，管线上游侧护岸长 80 m，下游侧护岸长 20 m，总长 100 m，边坡 1∶3。

四、济源 207 国道沁河大桥护桥工程

工程位于沁河右堤与 207 国道相交处，其中上首护岸长 108 m，下首护岸长 152 m，于 1998 年 8 月完工，护坡坡度1∶1.5。

五、济源广利渠首防护工程

工程上起广利渠首进水闸门，下与济源市五龙口镇沁河老桥相连，桩号为 K－10＋588～－10＋678，系 2006 年汛期抢修工程，现工程长度 90 m，有护岸 1 段。

第五章　豫西黄沁河滩区

第一节　黄河滩区

豫西黄河滩区总面积 102.5 km^2，其中孟津黄河滩区面积 79 km^2，吉利黄河滩区面积 23.5 km^2；耕地面积 3 480 hm^2，其中孟津 3 360 hm^2，吉利 120 hm^2；滩区内农业年生产总值 36 102 万元；右岸孟津黄河滩区现有白鹤、会盟两镇 11 个行政村，截至 2008 年底，人口 1.2 万余人，左岸吉利滩区只有临时生产人员千余人。

右岸黄河滩区北临黄河，南依邙山，地势平坦，西高东低，顺黄河呈西北—东南方向延伸，自上而下有白鹤至老城滩区、老城至小集滩区、小集至花园滩区、扣马滩区；左岸黄河滩区南临黄河，北依青风岭，滩区内有南陈至白坡滩区、白坡至冶戌滩区。

滩区无任何避洪设施，有效救生设施短缺，也缺乏预警、报警、通信设施，滩区内适用于迁安救护的交通道路数量少、标准低。目前县乡之间的汛情预报及迁安撤退，主要靠广播和电视以及电信网络联系。

第二节　沁河滩区

沁河滩区涉及济源市五龙口和梨林两个乡镇，滩区面积 33 km^2，滩区内有耕地 3 333 hm^2，农业年总产值 1 500 万元，水利条件便利，辖区内有引沁、广利两个大型三类灌区，提灌站 10 个，水井 15 眼等，两座小型水利发电站，总灌溉面积 3 万 hm^2。

第六章 豫西黄沁河防汛

第一节 防洪形势

黄河流域气候属东亚季风区,春季西北高压衰退,西太平洋副热带高压开始北上西伸,气温回升,降雨增多。夏季受西太平洋副热带高压北移的影响,盛行偏南风,水汽大量输入,与西北高压交绥,易产生降水,是一年中降水最多的时段。秋季西太平洋副热带高压逐渐减弱南撤,高空西风激流南移,西北高压向南扩张,降雨开始减少,但常发生阴雨天气。冬季由于西太平洋副热带高压已南移东撤,在西北南压控制下,盛行偏北风,气温低,降水少。在地区分布上,气温自南向北、自东向西逐渐减低,降水自东南向西北逐渐减少。上游降雨强度较小,历时较长,极少暴雨。中游降雨强度大,历时较短,暴雨较多。

黄河流域暴雨的地理分布自东南向西北减少。黄河下游和三门峡至花园口区间是暴雨较多的地区,年暴雨日数1~3天,且82%的暴雨日数集中在盛夏的7、8月份。特别是7月下旬至8月上旬,俗称“七下八上”,在黄河中游是西太平洋副热带高压第二、三次北跳及径向活动加强的时候,也是台风等热带暴雨天气系统深入内陆活动加强的时期,往往形成大面积暴雨,甚至大暴雨、特大暴雨,产生黄河大洪水。

黄河有“桃、伏、秋、凌”四汛,按成因分暴雨洪水和冰凌洪水两类。暴雨发生在7、8月份称“伏汛”,发生在9、10月份称“秋汛”,二者合称“伏秋大汛”;冰凌洪水在黄河中下游比较常见,主要是由于上、下游河段纬度差异,河流从低纬度流向高纬度,河道结冰,封河自下而上,而融冰、开河自上而下,受冰凌阻碍,河槽蓄水量增加,导致河水泛滥,形成冰凌洪水和凌汛,多发生在1~2月份;3、4月份适逢桃花季节,由于气温回暖,黄河上游冰雪融化,往往引起河水上涨,俗称“桃汛”。

该河段三门峡水库、小浪底水库、西霞院水库以上为山区型河道和库区;西霞院水库以下为山区向平原型河道的过渡段,心滩、汊河多,河道比降大,受清水下泄、调水调沙影响,河道逐年下切,由于工程标准低,中常洪水突发性强,险情不断,防守重点是险工、控导和涵闸等。孟津黄河滩区有常住人口1.2万余人,遇超标准洪水需迁安。

第二节 防汛组织

一、防汛指挥机构

洛阳、三门峡、济源三市及沿黄县、区分别成立防汛指挥部,负责各地防汛工作,指挥部下设黄河防汛办公室,负责黄河防汛日常工作。河务局局长担任指挥部副指挥长,主管防汛工作的副局长任指挥部成员兼黄河防汛办公室主任。

二、防汛职责

黄河防汛工作实行各级人民政府行政首长负责制，统一指挥，分级分部门负责。

各级行政首长对黄河防汛工作负总责，统一指挥本地区的防汛抗洪抢险工作。其主要职责为：贯彻防汛法规，执行上级防汛指令，全面部署本地区的黄河防汛工作；组织制定本地区有关防汛的法规、政策，确定防御洪水方案，组织落实各项度汛措施；组织开展防汛宣传发动，做好防汛队伍组织培训、防汛料物筹集、河道清障及防洪工程除险加固、水毁工程修复等防汛准备工作；发生洪水时，按照防洪方案、预案组织做好巡堤查险、抢险、迁安救灾等抗洪工作，指挥重大险情的抢护；洪灾发生后，及时组织做好灾区群众的生活安排、卫生防疫、恢复生产及灾后重建工作。

黄河河务部门按照治黄总体规划，负责黄河防洪工程规划的实施，组织防洪工程设计，开展防洪工程建设；负责防洪工程运行管理，进行防洪工程安全检查，按批复计划对防洪工程进行除险加固及水毁工程恢复；拟定黄河防洪预案，提出防洪工作意见；负责专业防汛队伍组织调度、技术培训和演练工作，协助当地政府指挥群众防汛队伍培训；负责国家储备防汛物资的日常管理、补充调配，根据防洪预案提出群众和社会防汛物料的储备种类、数量、规格等；做好防汛值班，及时掌握防汛动态，随时向人民政府及防汛抗旱指挥部和有关部门通报水情、工情和灾情汇总情况，分析防洪形势，预测各类洪水可能出现的问题，提出抗洪抢险部署方案；负责警戒水位以下河道和涵闸工程的查险、抢险工程，提出各类防洪工程险情抢护方案，进行抢险技术指导，及时组织调动防汛专业队伍全力投入抗洪抢险工作；总结防汛工作经验，开展黄河防汛抢险技术研究和推广，提高防汛工作和防汛抢险技术水平。

各有关部门对于黄河防汛也应承担相应的职责：

(1)气象部门：负责暴雨、台风和异常天气的监测，及时向防汛抗旱指挥部提供长期、中期、短期天气和降雨预报。

(2)电力部门：保障防汛机构、防洪工程和防洪抢险电力供应。

(3)电信部门：为防汛通信提供优先便利条件，必要情况下，动用应急通信网络，保障防汛通信畅通。

(4)民政部门：负责滩区、蓄滞洪区的灾民安置及救济工作，及时统计受灾情况，向本级黄河防汛办公室报告。

(5)卫生部门：负责组织灾区卫生防疫和医疗救护工作，确保大灾无大疫。

(6)物资、商业、供销部门：负责社会各种防汛物资储备工作，计委、经贸委负责协调，保障防汛抢险物资供应。

(7)铁路、交通、民航部门：汛期优先运送防汛抢险人员和物料，为紧急抢险和撤离人员及时提供所需运输工具，保障人员、物资运输畅通。

(8)公安部门：负责抗洪抢险的治安管理和交通管理，维护防洪抗洪秩序，保障防汛抗洪道路畅通，严厉打击破坏防洪工程设施、盗窃防汛物资、妨碍防汛抗洪的违法行为。

(9)新闻宣传部门：负责利用广播、电视、报刊等新闻媒体进行防汛宣传动员及紧急时期滩区、滞洪区群众迁安的警报工作。

(10)人民解放军和武装警察部队:担负抗洪抢险、营救群众、转移物资、灾民救济等急、重、险、难任务。

(11)其他有关部门:根据各自的职责和防汛指挥部指令,做好防汛抗洪工作,共保黄河防洪安全。

三、防汛预案

黄河防洪预案每年由各级防汛指挥部办公室制定,并经该级人民政府以正式文件批准。市级防洪预案主要为洪水处理防洪调度以及重大防洪措施。防洪保障措施和重大防洪措施的具体实施方案列为防洪预案的子预案,主要有堤防险点度汛预案、涵闸度汛预案、滩区迁安救护预案、物资供应调度保障预案、通信保障预案、防御大洪水夜间抢险照明预案等。三门峡市制定库区防洪预案。

防洪预案的主要内容有:基本情况和存在问题,防洪任务和洪水处理原则;防汛组织指挥和防洪责任划分;防汛队伍的组织调度;防汛抢险物资的筹备及使用;各级洪水防守预案。

以小浪底站下泄流量为分级依据,分为:4 000 m^3/s 以下、4 000 ~ 6 000 m^3/s、6 000 ~ 8 000 m^3/s、8 000 ~ 12 000 m^3/s、12 000 ~ 17 000 m^3/s、17 000 m^3/s 以上 6 个流量级别。4 000 m^3/s 以下洪水,防守重点是河道工程,要确保工程安全。4 000 ~ 6 000 m^3/s 的洪水,防守重点是河道工程和偎水堤段;控导工程的防守须根据洪水演进情况和抢护条件,经省防汛指挥部批准后撤防,根据洪水漫滩情况,做好滩区群众的迁安救护工作。6 000 ~ 8 000 m^3/s 的洪水,防守重点是偎水堤段、险工险段、涵闸等穿堤建筑物,组织群众昼夜巡堤查险,全力指挥抗洪抢险和滩区群众迁安救护工作。8 000 ~ 12 000 m^3/s 的洪水,最紧迫的任务是坚守临黄大堤,开展顺堤行洪堤段的抢护,大力进行滩区群众的迁安救护工作。12 000 ~ 17 000 m^3/s 的洪水,仍然要充分利用河道下泄,进入紧急防汛时期,全市要紧急动员,全力以赴确保大堤安全,千方百计组织滩区群众安全转移。对于超过 17 000 m^3/s 的洪水,全力以赴,尽最大努力减少灾害损失。

沁河下游防洪预案以小董水文站的流量作为分级依据,分为 500 ~ 1 000 m^3/s、1 000 ~ 2 000 m^3/s、2 000 ~ 3 000 m^3/s、3 000 ~ 4 000 m^3/s、4 000 m^3/s 以上五级。对于中小洪水,重点是险情的抢护,关闭涵闸;对于不超过 4 000 m^3/s 的洪水,要全力防守右岸堤防;当洪水超过防御标准 4 000 m^3/s 时,对于右岸可能漫溢的堤段,根据具体情况和上级指令抢修子堰。

四、防汛督察

黄河防汛实行督察制度,分级督察,逐级负责。市、县分别成立督察组织,由各级党、政领导担任负责人,成员一般由防汛抗旱指挥部成员及有关人员组成。每年汛前各级督察组织对辖区内防汛工作进行全面检查,督促各项防汛工作的开展,对重大防汛任务或出现重大险情时,进行专项或巡回督察。防汛督察的主要工作内容有:

(1)以行政首长负责制为重点的各项防汛责任制的落实情况。

(2)分管范围内行政首长和有关部门履行防汛职责情况。

(3)国家防汛法规、政策和上级防汛指令贯彻执行情况。

(4)防洪基建工程和度汛工程建设施工情况;滩区、蓄滞洪区安全建设及河道清障情况;各类防汛队伍组织落实、技术培训情况;水文、通信、信息部门的防汛准备情况;国家常备料物、社会团体和群众备料到位情况等。

(5)洪水期领导上岗到位、防汛队伍上堤防守及巡堤查险、工程抢险、迁安救护等防汛抗洪工作的开展落实情况。

(6)汛后赈灾、救灾等善后工作情况。

第三节　防汛队伍建设

人民治黄以来,依靠军民联防,确保了黄河岁岁安澜。近年来,黄河防汛队伍建设得到进一步加强,建立并完善了专业防汛队伍、群防队伍和人民解放军三位一体的军民联防体系。

一、专业防汛队伍

黄河防汛专业队伍是防汛抢险的骨干力量。专业防汛队伍主要由专业机动抢险队、工程队及防洪工程管理人员组成,主要担负防洪工程建设与管理,水情、河势、工情测报,工程的紧急抢险与技术指导。防汛专业队伍的调度由豫西黄河防汛办公室负责。

二、群众防汛队伍

群众防汛队伍是黄河防汛的基础力量,以沿黄基干民兵为骨干,吸收有防汛经验的人员参加,组成基干班、亦工亦农抢险队、护闸队等不同类别的防汛队伍。群众防汛队伍主要任务是当黄河发生洪水、工程出现险情时,参加巡堤查险、抢险、迁安救护和防汛抢险料物采运等。群众防汛队伍每年汛前进行登记、培训,做好思想、组织、技术、工具料物、责任“五落实”。

三、人民解放军、武警部队

黄河防汛实行军民联防。人民解放军、武装警察部队是防汛抢险的突击力量,是抗洪抢险的中流砥柱。汛前,要明确防守任务、勘察了解情况、制定行动方案、组织抢险演练。各级黄河防汛部门应主动与他们通报情况,建立联系。在黄河发生洪水和紧急抢险时,由各级防汛指挥部逐级向省防汛指挥部报请省军区派部队支援,紧急情况下,各级防指也可直接请求部队支援,边行动边报告。部队主要承担急、重、险、难的抗洪抢险和救灾任务,他们在历年的黄河防洪抢险救灾中都作出了突出的贡献。

第四节　防汛通信

黄河防汛通信网是由多种通信手段组成的综合通信网络,主要有数字微波、一点多址微波、无线接入系统、移动通信系统、移动信息采集车、卫星通信及数字程控交换等。地方通信网是以光通信为主的基本传输渠道,主要有程控交换机、光通信、微波通信、移动通信、应急通信车等。部队通信主要由无线通信构造。黄河、地方、部队三部分通信相互联网结合,其各种通信手段互为补充、相互完善,共同保障黄河防汛各种信息的准确、快捷、及时传递。基本原则为:黄河通信网、地方通信网、部队通信网共同承担,相互配合,一切服从防汛,一切服务防汛,确保通信畅通。

黄河通信网是黄河防汛通信保障的基本手段,其日常维护工作由信息中心及所属各级业务部门负责。地方通信网发展比较迅速,目前已形成了较为完善的网络系统。该系统传输容量大、可靠性强,是黄河防汛通信的重要保障手段,在黄河通信网满足不了防汛信息传道需要的情况下,申请地方通信网支持。地方通信网根据黄河防汛需要,优先向黄河通信网提供足量的电路,黄河通信管理部门做好联网的各项工作,确保各级防汛指挥部、各级政府、河务部门之间的联络畅通,确保险工、控导、涵闸、分滞洪区及重要堤段的联络畅通,确保汛情、工情、险情的传递。部队通信网主要保证参加防汛部队与防汛指挥机构的联络;必要时,作为黄河通信的重要补充,以增强黄河通信保障能力。

第五节　防汛物资供应

一、物资储备

黄河防汛物资储备贯彻“安全第一,常备不懈,以防为主,全力抢险”的工作方针,采取国家储备、社会团体储备和群众备料相结合的储备方式,遵循“统一领导,归口管理,科学调度,确保需要”的原则,保障抗洪抢险物资供应。

国家储备物资,是指黄河河务部门按照定额和防汛需要而储备的防汛抢险物资,主要包括石料、铅丝、麻料、木桩、砂石反滤料、篷布、麻袋、编织袋、土工织物、发电机组、柴油、汽油、冲锋舟、橡皮船、抢险设备、查险用照明灯具及常用工器具。

社会团体储备物资,是指社会各行政机关、企事业单位为黄河防汛筹集的和所掌握的可用于防汛抢险的物资,主要包括各种抢险设备、交通运输车辆、通信工具、救生器材、发电机照明设备、铅丝、麻料、麻袋、编织袋、篷布、木材、钢材、水泥、砂石料及燃料等。

群众储备黄河防汛物资,是指根据当地资源和抢险习惯,群众自有的可用于防汛抢险的物资,主要包括各种抢险设备、交通运输车辆、漂浮工具、树木及柳秸料。

社会团体和群众储备黄河防汛物资,按照“汛前备料,备而不集,用后付款”的原则筹措。其储备物资的品种、规格、数量,由防汛物资储备单位,乡、村群众所在的县人民政府,根据防守任务和抗洪抢险需要,结合储备能力确定。

二、物资调用原则

黄河防汛储备物资供应与调度按照“满足急需,先主后次,就近调用,早进早出”的原则办理。

国家储备的防汛物资主要用于黄河防洪工程抢险,由各级黄河河务局按照管理权限负责组织采购、管理和调用。

社会团体储备的防汛物资用于黄河防洪工程抢险的,由发生险情所在的县黄河防汛办公室提出调用物资指令,由储备单位负责物资供应到位。

群众储备防汛物资,由发生险情所在的县黄河防汛办公室根据黄河防洪工程出险情况下达调度指令,由有储备任务的乡(镇)政府、村民委员会负责组织群众供应。

在黄河紧急防汛期,各级黄河防汛指挥机构根据抗洪抢险需要,有权在管辖范围内调用物资、设备及交通运输工具,并在汛期结束后及时返还。如造成损坏或无法归还的,按照有关规定给予补偿。

第六节 工程靠河情况

一、黄河河道工程靠河情况

(一)铁谢险工

铁谢险工在1985年以前4护岸至15坝全部靠河。1985年以后,填湾工程及下延5坝建成投入使用后,主流北移,9坝、15坝脱河,在铁谢村东至洛阳黄河公路大桥逐渐形成夹心滩并不断增大增高,并在铁谢村东至黄河桥形成岔河,非汛期河水主要从北股河道通过,南股河道断流,致使8护岸至下延4坝在非汛期不靠河,汛期时才有少量水流从南股河道通过。1998年以后,孟津局加强了对该段河道的疏浚工作,在上端挖开口门,使水流在非汛期亦能从南股河道通过。由于河势变化,铁谢工程下首工程导溜无力,致使对岸的逯村工程大部分河道工程脱河,同时,老城滩及铁炉滩坍塌严重,为改善此不利情况,经上级批准,2000年在铁谢险工下延5坝下修建潜坝1道,大大提高了工程的导溜能力。2002年太澳高速(济洛段)大桥在铁谢堤防工程K6+800处修建,为消除大桥修建对河势的影响,在该桥东修建了铁谢15坝下延潜坝,该坝的建成使用,对该段河道归拢水流起到了重要作用,并大大减轻了下游河道滩岸的坍塌现象。目前,河道主溜在铁谢险工4护岸着溜,沿1~6坝、填湾1~5坝向下游推进,主溜趋中,在铁谢村东分两股导向下游,在下延5坝处两股水流汇交一处,沿潜坝、15坝下延潜坝导向逯村工程。其中铁谢险工4护岸以上工程及下延5坝以下老工程长年脱河,5护岸—2坝间工程小水期间不靠河,8护岸—下延4坝小水期靠河不靠溜。

(二)白鹤控导工程

白鹤工程是黄河孟津河段初出峡谷的第一处控导工程,也是河南黄河设防河段区域内最上首河道整治工程,工程历年靠河较紧,有明显的河道整治效益。

(三)白坡控导工程

该工程0~4坝常年靠溜较紧。

(四)铁炉护滩工程

铁炉护滩工程于1971年由河务部门接管,1975年该工程脱河,1998年汛期工程靠河长度70 m。20世纪90年代初至2003年,铁炉工程前滩岸坍塌较为严重,随着上游工程的不断完善和河势的变化,河势主溜有所北移,工程在非汛期时脱河,在汛期时仅2坝靠河。

(五)花园镇控导工程

花园镇控导工程于1975年全部脱河,1987年21坝开始靠河。近年来,花园镇控导工程靠河较为理想,19~22、26、28、29坝长年靠河,1~17坝长年脱河,18、25坝汛期时靠河,27坝长年脱河。

二、沁河河道工程靠河情况

沁河近年来来水量偏小,五龙口险工自建成后,只有在发生1 000 m^3/s以上洪水时才可能靠河。

沙后险工自建成至今一直脱河。

第七节　工程出险情况

一、黄河河道工程历年出险情况

(一)铁谢险工

铁谢险工历年出险情况见表6-1。

表6-1　铁谢险工历年出险情况

出险时间(年)	抢险用料					投资(万元)
	石料(万 m^3)	铅丝(t)	木桩(根)	柳料(万 kg)	麻绳(kg)	
1978	0.23	3.91				5.91
1982	0.02	0.02				1.144
1984	0.07	1.22		2.57	97	2.04
1985	0.04	1.35				1.58
1988	0.12	5.65		6.17		4.90
1989	0.01					0.25
1992	0.09	2.71	119			3.93
1993	0.13	3.64				6.34
1994	0.15	6.56				7.43
1995	0.10	3.37				6.74
1996	0.37	14.29				30.02
1997	0.20	1.66				14.74
1998	0.24	8.12				20.08
1999	0.05	2.52				4.58
2000	0.06	2.36				7.17

续表 6-1

出险时间（年）	抢险用料					投资（万元）
	石料（万 m^3）	铅丝（t）	木桩（根）	柳料（万 kg）	麻绳（kg）	
2001	0.01					1.60
2002	0.77	29.05				87.56
2003	0.41	16.47				48.30
2004	0.04	1.57	45			5.17
2005	0.55	16.54	411			69.95
2006	0.16	6.08				24.04
2007	0.07	2.90				8.62

（二）白鹤控导工程

白鹤控导工程历年出险情况见表 6-2。

表 6-2　白鹤控导工程历年出险情况

出险时间（年）	抢险用料				投资（万元）
	石料（万 m^3）	铅丝（t）	柳杂料（万 kg）	麻绳（kg）	
1978	0.01	0.23			0.15
1988	0.09	4.11	7.33	1 500	4.42
1989	0.03	0.17			0.70
1993	0.02	0.76			1.12
1996	0.01	0.37			0.67
1998	0.01	0.18			0.70
1999	0.12	0.18			13.5
2002	0.10	3.89			11.88
2003	0.09	3.62			10.97
2005	0.10	4.03			13.82
2006	0.06	2.25			6.68
2007	0.03	1.14			3.35

（三）白坡控导工程

白坡控导工程历年出险情况见表 6-3。

表 6-3　白坡控导工程历年出险情况

出险时间（年）	抢险用料					投资（万元）
	石料（万 m^3）	铅丝（t）	木桩（根）	人工（工日）	机械（台时）	
2005	0.115	4.566	84	864		13.78
2006	0.117	4.644	72	946	106	17.91

(四)花园镇控导工程

花园镇控导工程历年出险情况见表6-4。

表6-4　花园镇控导工程历年出险情况

出险时间（年）	抢险用料					投资（万元）
	石料（万 m^3）	铅丝（t）	木桩（根）	土料（m^3）	麻袋（条）	
1988	0.05	2.28				1.45
1989	0.26	2.83				5.25
1990	0.04	0.02				1.33
1991	0.11	0.48				0.72
1992	0.21	6.74	29			8.49
1993	0.02	0.37				0.78
1994	0.06	0.86				1.80
1996	0.05	1.19				5.52
1997	0.16	7.38				10.83
1998	0.09	4.21				8.12
1999	0.04	0.94				3.11
2000	0.10	2.03				3.66
2001	0.05	2.05				6.49
2002	0.48	17.74				54.57
2003	0.36	13.43	399			45.85
2004	0.36	13.96				43.48
2005	0.16	6.27	162	36	360	22.79
2006	0.15	5.87	168			22.81
2007	0.36	14.28	450			41.97

二、沁河河道工程历年出险情况

(一)五龙口险工

五龙口险工历年出险情况见表6-5。

表6-5　五龙口险工历年出险情况

出险时间（年）	抢险用料					投资（万元）
	石料（万 m^3）	铅丝（t）	木桩（根）	土料（m^3）	机械（台时）	
2003	0.074 2					10.31
2007	0.018 6				14.4	2.42

(二)沙后险工

该工程自建成后一直脱河，未发生险情。

第七章　豫西黄沁河工程管理

第一节　工程管理体制

黄河自有堤防以后,工程管理体制随之逐步形成。西汉时设“河堤督尉”、“河堤谒者”官职。宋代明确规定沿河地方官管理河防的责任制度,诏令沿河州府长吏,兼本州河堤使。宋王朝对治河很重视,设置了权限较大的都水监专管治河,沿河地方官员都重视河事,并在各州设河堤判官专管河事,朝廷重臣多参与治河方略的争议。明代以后,随着社会经济发展和黄河决溢灾害加重,朝廷更为重视治河,治河机构逐渐完备。明代治河,以工部为主管,总理河道直接负责,以后总理河道又加上提督军务职衔,可以直接指挥军队,沿河各省巡抚以下地方官吏也都负有治河职责,逐步加强了下游河务的统一管理。清代河道总督权限更大,直接受命于朝廷。明末清初,治河事业有很大发展,堤防修守及管理维护技术都有长足进步,涌现了以潘季驯、靳辅为代表的一批卓有成效的治河专家。清朝末年及民国期间,战乱不断,国政衰败,治河也陷于停滞状态。1949 年后,黄河开始全面规划、统一治理、统一管理,建立健全了系统的管理机构和管理制度。

新中国成立到第一个“五年计划”期间,由于重视调查研究,提倡实事求是,尊重客观规律,黄河水利建设事业发展快、质量好、效益显著。随着水利工程的迅速增加,开始认识到工程管理的重要性和必要性,因此把水利工程管理视为水利部门的一项基本业务。1950 年,水利部改组河南黄河第一修防处为河南黄河河务局,此后,各级水利部门和各类水利工程也相继建立了管理机构,开始进行工程管理的业务建设,把工程管理的主要内容明确规定为维修养护、检查观测和控制运用。1955 年设立孟津黄河管理段,当时仅有 6 名职工,1955 年 3 月 ~ 1963 年 3 月孟津黄河管理段段长由孟津县县长兼任。

“大跃进”期间,水利建设虽然取得了很大的成绩,但由于受“左”的思想影响,违反了基本建设程序,单纯追求“高速度”,推行“边勘测、边设计、边施工”的三边政策,使许多工程留下了严重的后遗症。与此同时,“重建轻管”的倾向更为突出。1958 年 12 月,撤销河南黄河河务局,1959 年 12 月得以恢复;1960 年河南黄河河务局并入河南省水利厅,次年又回归黄河水利委员会建制。

“大跃进”后的调整时期,水利建设在“调整、巩固、充实、提高”八字方针指引下,进行了卓有成效的整顿工作,水利工程管理也获得了较大的恢复和提高。在这一时期,水利管理机构有所加强,管理制度有所健全,管理人员有所充实,管理业务建设取得了显著成绩,技术管理水平也大为提高。

“十年动乱”时期,水利建设和管理遭到了严重的破坏。1967 年成立了孟津黄河段革命委员会,原有的孟津黄河管理段机构瘫痪。科技力量受到了严重摧残,管理工作停顿,规章制度废弛,有些水利工程处于无人管理的状态。“75 · 8”特大洪水造成板桥、石漫滩水库垮坝失事,其主要原因固然是遭遇了超标准暴雨洪水,但也反映出在水库建设和管理上不尊重科学、不按自然规律和经济规律办事的问题。

中共十一届三中全会以后,恢复了孟津黄河管理段,水利事业进入了一个新的发展时期。随着水利改革的不断深入,水利工程管理工作也发生了根本的变化。1978 年水电部召开的全国水利管理工作会议,揭开了整顿、加强水利管理工作的序幕。1981 年全国水利管理会议又明确提出了把水利工作的着重点转移到管理上来的重大决策,即由过去的重点抓建设转到重点抓管理上来,首先管好用好现有工程,使其发挥效益,提高经济效果,使水利工程管理工作走上稳步健康发展的道路。此后,在国务院"加强经营管理,讲究经济效益"的水利方针指导下,水利部又提出水利工作要"全面服务,转轨变型",即从以农业为主转到为社会经济全面服务的思想;从不讲投入产出转到以提高经济效益为中心的轨道,从单一生产型转到综合经营型;在水利工程管理中要推行"两个支柱,一把钥匙",即以水费收入和综合经营为两个支柱,以加强经济责任制为一把钥匙。1990 年 11 月孟津黄河管理段升格为副县级后称孟津县黄河河务局。1995 年 10 月,成立洛阳市黄河河务局。1998 年更名为豫西地区黄河河务局,同年洛阳市黄河河道被河南黄河河务局认定为三级河道目标管理单位。

第二节　管理模式与运行机制

历代治河重视堤防工程,西汉时期,沿河郡(州)都有专职防守河堤的官员和巡视河堤的职责。金初有埽兵分段管理河堤。明代除河兵分段管理外,还规定"每里十人以防",建立了"三里一铺,四铺一老人巡视"的护堤组织,按分管堤段修补堤岸,浇灌树株(《明史·河渠志》)。清代另规定"每二里设一堡房,每堡设夫二名,住宿堡内,常川巡守"。"堡夫均有河上汛员管辖,平时无事搜寻大堤獾洞鼠穴,修补水沟浪窝,积土植树;有警,鸣锣集众抢护"。1936 年开始成立工程队,与各河段协防。1949 年后,沿河按地、市、县健全各级修防机构,县以下建立群众性护堤组织,实行专业管理与群众管理相结合。1955 年,沿河县、区、乡开始建立堤防管理委员会和管理小组,其任务是组织、协调、检查、监督堤防管理工作,选派护堤员,订立护堤合同。1956 年农业合作化后,由农业合作社确定长期护堤员,组建护堤班,堤上收益与护堤员报酬在修防段与农业合作社签订的合同中明确。农村实现人民公社化后,堤防管理仍由社队分段承包管理养护,每公里堤防上护堤员二三人,常年住堤。1978 年,水利部提出"把水利工作的重点转移到以工程管理为中心上来",对护堤管理组织和护堤员进行调整充实,每 5 km 配备一名专职堤防管理人员。

1982 年县级修防段建立公安派出所或派遣公安特派员,在当地公安部门的领导下,进行法制宣传教育,制止违章行为,清除违章建筑,查处违章案件。此后,各县级河务局相继成立了工程队,在同级工务部门的监督管理下对工程实施具体管护工作,推行班坝责任制。工程队在每处河道工程均设有 1 处工程班,各班按工程比例固定有管护人员,工程各坝(垛、护岸)分段责任到人,进行管理养护。在这种管护模式下,管理资金主要来源于上级每年拨付的岁修费。由于工程基础差,加之岁修费用有限,造成工程管理水平滞后,挂账现象严重,一定程度上制约了工程管护工作的有效开展。

2005 年,根据国务院水管体制改革指示精神《水利工程管理体制改革实施意见》,水利部、黄委对水管体制改革进行了总体部署,孟津河务局作为黄河系统第一批 22 个改革试点单位之一,按照《工程养护人员定额》和《经费定额》标准进行改革。济源、吉利河务局于 2006 年进行水管单位体制改革。

水管体制全面改革后,按照水管单位职责和任务将工程分成管理和维修养护两部分,把目前管理与维修、养护一体化的现行运行机制,通过机构改革实现职能分离,通过严格的定岗、定编、定责,建立能力素质强、技术水平高的精干管理队伍,降低工程管理成本,推行"管养分离",将维修养护职能和人员从管理机构中剥离出来,组成维修养护经济实体,实现对工程专业化管理养护,按照水利工程维修养护定额标准实行合同管理。管理部门具有一定水行政管理职能,对防洪工程进行资产、安全、调度等层次上的管理。维护部门按照企业管理模式,根据维修养护内容及标准与管理层签订合同,实行内部合同管理。

在运行初期,对各管护范围内的资产进行评估,为制定合同中的经费标准提供科学依据。按照管理定额和日常管理内容测算的年平均管理工程量、工程量制定可操作性强的管理办法,签订管理合同。将工程管理的标准、维修养护内容、任务等以条目形式进行界定,在单位内部实行合同管理和考核,由县局工管科代表县局与养护队伍签订管理合同,养护队伍将合同分解后再与养护人员签订维护合同。

第三节　工程管理组织实施

一、管理职责分工

豫西黄河防洪工程按照"统一领导、分级管理"的原则,水管单位工程管理工作由工程管理部门、运行观测部门、维修养护公司共同完成,各司其职,各负其责。

(一)工程管理部门职责

(1)贯彻执行国家有关工程管理工作的法律法规和相关技术标准。

(2)负责编制本单位工程管理规划、年度计划并负责实施。

(3)掌握工程运行状况,及时处理运行过程中的技术问题;承担堤防工程、堤岸防护工程、生物防护工程的运行管理工作。

(4)负责维修养护的招投标工作,负责签订工程养护合同及质量监管、验收等工作。

(5)负责工程运行技术管理统计工作,组织技术资料收集、整理及归档工作。

(6)协助做好管理范围内水利工程建设项目的建设管理。

(7)负责治黄科技工作管理,组织科技成果的交流、推广和应用,研究提出本单位科技发展的规划及治黄关键技术的攻关和科技项目的申请立项。

(8)负责工程管护范围内的水土资源开发的规划、计划与管理工作。

(9)根据授权完成辖区河道内防洪工程建设项目的技术审查工作的相关事宜。

(二)运行观测部门职责

(1)按照水利工程运行观测的有关规定或调度指令,实施运行观测作业。

(2)负责各类防洪工程的巡视、检查工作,发现问题及时报告或处理。

(3)负责通信设备及系统的运行工作,发现故障及时处理。

(4)负责防汛物资的保管和观测探测设施、设备、仪器的保管及保养工作,保证料物、设施、设备、仪器的安全和完好,及时报告储存和保管情况。

(5)负责防汛抢险机构的日常管理,保证防汛抢险机械的正常使用。

(6)按照操作规程和各项规章制度进行各类防洪工程的观测、探测工作;参与观测、探测分析及隐患处理等工作。

(7)负责河势、水位观测和水质监测工作,及时发现并报告水污染事件。

(8)做好各项运行、观测记录,及时整理归档。

(三)养护公司职责

(1)按照合同要求负责实施各类工程和设施的维修养护工作。

(2)负责工程维修养护资料管理工作。

(3)负责维修养护工程投标和施工管理。

(4)负责合同管理工作。

(5)负责公司经济发展规划、计划的编制和实施。

(6)负责公司经营项目的可行性论证、开发工作。

(7)负责经济纠纷的协调与处理。

(四)质量监督与工程监理

1. 质量监督

水管单位依据上级对年度维修养护实施方案的批复,同河南黄河河务局工程建设管理站签订维修养护工程质量管理与监督协议书,由河南黄河河务局工程建设管理站对维修养护工程质量进行监督,其主要工作内容包括:制定质量管理与监督工作计划,参加隐蔽工程及工程关键部位验收、阶段验收和竣工验收,编制工程质量管理与监督报告等。

2. 工程监理

由河南河务局统一进行招标,选定工程监理公司对各水管单位维修养护项目进行监理,主要负责质量、进度、投资、安全控制与信息管理及现场组织协调,工作内容主要包括:根据监理规划和监理实施细则对工程维护实行旁站、跟踪、巡回监理,填写监理日志,组织或参加隐蔽工程及工程关键部位验收、阶段验收和工程竣工验收,编制监理工作报告等。

二、管理标准及考核

(一)管理标准

为规范管理,统一标准,目前各水管单位严格按照《河南黄河工程维修养护设计标准》(见附件1)进行工程管理。

(二)考核办法

"月考核评比":依照上级工程管理标准,结合豫西工程实际情况,制定了《豫西黄河工程管理月考核办法(试行)》(见附件2),每月初对水管单位的工程管理工作进行总体考核评比,考核评比采用随机抽查与定项检查相结合的方式,严格实行定量考核,依据考核结果进行奖惩。

"半年重点抽查,年度全面考核":半年抽查和年终考核随同河南黄河河务局考核一并进行,按照《河南黄河堤防工程管理检查内容与评分标准》(见附件3)对各水管单位工程管理情况进行阶段考核,其结果作为水管单位目标考核的重要依据。

三、精细化管理

(一)规划计划

按照《黄河堤防工程管理标准(试行)》、《黄河河道整治工程管理标准(试行)》、《河南黄河工程管理规划暨设计标准》规定,结合本单位防洪工程管理现状及工程普查报告,编写工程管理规划,并按照规划制定年度维修养护实施方案,经市级河务部门初审,上报省级河务部门审查审批后实施,确保黄、沁河防洪工程管护工作规范有序进行。

(二)合同管理

依据批复的维修养护实施方案,水管单位与监理公司签订工程监理合同、并按照1+X模式同维修养护公司签订养护合同。工程管理科依据合同及运行观测科月记录及时下发月维修养护任务通知书及补充任务通知书,控制维修养护工作进度,项目完成后及时会同监理组织验收,验收结果作为工程结算依据。

(三)双岗责任制

水管单位与维修养护公司分别实行运行观测和维修养护岗位责任制,制作运行观测和维修养护责任牌,明确双岗责任,将具体的运行观测和维修养护责任落实到人,真正做到"行有制度、评有标准、干有目标、月有检查、年有考核",充分调动一线职工的积极性、主动性。

(四)项目管理

为了从根本上改变工程面貌,使工程管理工作逐年上台阶,根据工程管理现状,将项目划分为日常和专项。日常管理重在改善工程面貌,保持工程完整;专项管理重在解决难点、突出亮点,专项管理参照基建程序进行管理,委托设计单位编报专项工程设计,报上级审批实施。如遇特殊情况需专项变更,应由设计单位出具变更方案报请上级主管部门审批实施。

(五)资料管理

资料管理是工程管理的重要内容,主要包括管理、运行、养护、质监、监理资料等。所有资料应全面、及时、准确、翔实,文字清晰、图面整洁,不得用易褪色的材料书写、绘制,手续完备,符合归档要求。

(六)验收管理

1. 专项验收

工程完工后,由水管单位主持,成立专项验收委员会,成员由水管单位、质量监督、设计、监理、维修养护单位的代表及有关专家组成,验收委员会审查水管单位、监理单位、设计单位、维修养护单位的工作报告;核定完成的工作(工程)量,检查经费使用是否符合有关财务管理的规定;检查工程维修养护质量,根据需要对工程维修养护质量做必要的抽检;检查维修养护资料是否符合归档要求,对维修养护内业资料做必要的抽检;对验收中发现的问题提出处理意见;检查设计变更是否按规定程序履行报批手续;讨论并通过"专项验收鉴定书"。

2. 年度验收

每年年初,主管单位组织相关人员成立验收委员会,依据《黄河水利工程维修养护项目管理规定》对上年度维修养护工作进行验收,验收主要是听取各有关单位的工作报告,查阅内业资料、实地检查外业管护情况等程序进行,重点复核年度工程量及投资完成情况等,分析年度维修养护投资计划执行情况,内业资料编报情况等。依据验收情况给出质量鉴定结果及验收评定结论。

四、教育培训

为切实提高管护人员的工作技能,定期对管理、运行观测、养护人员进行各种培训。

(一)管理人员培训

每月组织管理人员进行业务知识学习,内容主要包括新近出台的工程建设管理设计及考核标准、管理办法、评分说明及具体工作流程等。要求每位管理人员熟练掌握养护标准和各项定量指标、工作流程、自身的工作职责等,切实提高技术人员的业务素质和理论水平。

(二)运行观测人员培训

每月组织管理人员学习新近出台的工程建设管理考核标准评分说明,培训工程观测技术包括滩岸坍塌观测、河势观测、水位观测、险情巡查等技术,要求每位观测人员熟练掌握养护标准,切实提高观测技术,及早及时发现隐患。

(三)养护人员培训

每周组织维修养护人员学习上级水管体制改革的文件精神、工程维修养护的各项规章制度、养护标准等,提高广大干部职工对现行工程管理运作模式的认识,充分调动一线职工的工作积极性、主动性,推动工程日常管理工作有效开展,切实做好养护工作。

经过4年的运行,豫西黄河工程管理基本形成了适应市场经济和实际情况的工程管理体制,初步建立了职能清晰、权责明确的工程管理机制,工程管理水平明显提升,"四化"(工程标准化、管理数字化、养护机械化、人员专业化)建设成效显著。2008年三个县级水管单位基本达到国家二级水管单位管理水平。

第四节　养护机具创新

为了提升工程管理水平、提高养护作业效率、降低养护人员劳动强度,逐步实现养护机具机械化,近几年先后研制出JH2006型多功能养护车、JY－1型割草机等多套养护机具,在工程维修养护中得到了广泛推广应用。

一、JH2006型多功能养护车

针对黄河水利工程维修养护堤线长,路缘石埋设维护、标志牌设置更新、生物防治等养护作业分散,为解决人工投入多、劳动强度大、工作效率低等问题,济源河务局成功研制了一款实用性强的JH2006型多功能养护车。主要用于拔栽校正路缘石、标志桩(牌),小型抢险照明,喷漆,喷洒药剂,冲洗,供电,吹扫堤顶和工具箱等。

JH2006 型多功能养护车是在翻斗车基础上组装而成的，主要由液压、水压、气压、电力四大系统和一个附属装置组成。

路缘石栽设和校正液压装置由三个液压缸、分配阀、油泵和安全阀组成。该装置可实现路缘石拔、放、校正，以及对垛号桩的调运吊装。液压臂最长可伸展 1.2 m，向上可提升 2 m，向下可降至地面以下 30 cm，安全起吊最大质量 800 kg。

多功能车车体前置水箱，可盛装药剂和水，输入高压气流自动搅拌，连接水枪可实现病虫害防治、标志牌的清洗。车体后置的工具箱可以放置车载配备工具、铁锹、洋镐等长把工具和部分日常养护所需的各种小型工具及必须的劳保用品。

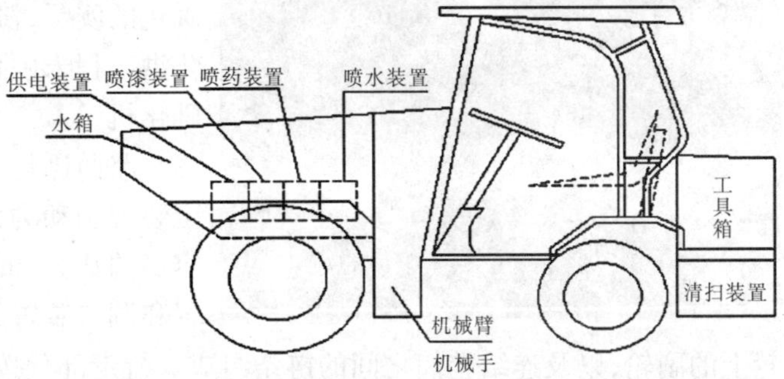

气压系统可实现喷漆、气锤、气泵等，电力系统还可以提供日常养护中如切割机、蛙式打夯机、震动棒等的用电。

二、JY－1 型割草机

在日常草皮养护中，现有的背负式割草机全部依靠使用人员进行操作，操作人员在肩背身挎割草机的同时，还需要用双臂来保持割草机的平衡，人员劳动强度很大，工作效率低。针对这种情况，济源河务局自行开发研制了JY－1型割草机。

JY－1 型割草机是在原有背负式割草机基础上改造而成的。它由机械部分和底盘构成，其中机械部分是将原有的背负式割草机的传动管及传动轴截短，然后重新与割草盘和发动机连接；底盘由一个导向轮、两个行动轮及连杆构成，它主要利用了三角形稳定原理，通过连杆上下移动，可对割草高度进行控制。

操作人员操纵手推架对 JY－1 型割草机进行方向移动和调整，这样就大大降低了操作人员肩背身挎割草机所带来的身体负担，并且由于操作方式的转变，改造后的割草机的震动大部分由底盘承受，直接作用于人体的震动大大减少，极大地降低了工作强度和负担，提高了工作效率，降低了作业成本。

JY－1 型割草机由于底盘稳定，可以沿着堤坡平行割草，也可以顺着堤坡上下割草，

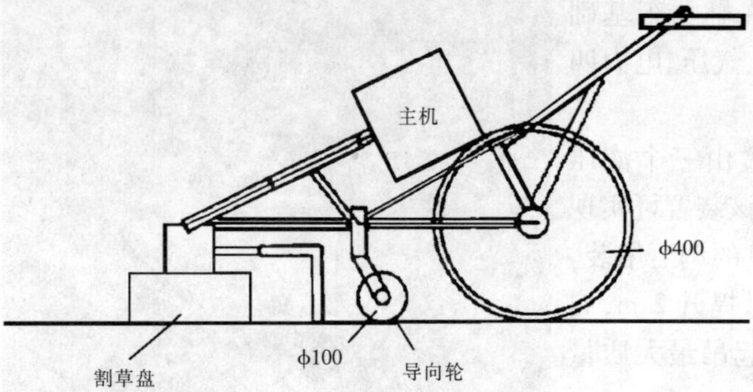

或者沿着堤坡随意割草，操作人员仅需要双手操作手推架，控制方向及速度，利用手推架上的油门对割草的转速进行控制，操作简单便捷。

三、路面砾化机

为解决日常维修养护作业工作量大，劳动强度大，机械化应用水平较低的问题，结合工程养护堤顶道路砾化的实际，济源河务局自行研制了主要用于防洪工程未硬化堤顶道路砾化维修养护的路面砾化机。

路面砾化机主要由料斗、砾石铺设装置、行走装置和动力源组成。料斗是一个倒梯形体，容量约 0. 87 m^3；铺设部分由传动装置、拨料装置和调节装置组成，传动装置由拨料滚轮、承重轮上的副轮，以及连结它们之间的链条组成。行走部分按照料斗的容量与承载质量，设计成由万向轮、承重轮，以及由它们连接而成的底盘，料斗固定于底盘之上。行走部分通过可升降挂钩连接于运载石料的自卸汽车之后，紧跟自卸汽车前行。

该机具通过设置弧形隔栅滤网，解决了堤顶铺撒石料过程中的砾石超径问题，实现了堤顶砾石均匀摊铺；经过计算和多次试验，自卸汽车行进速度控制在 5. 4 km/h 时，石料铺设连续且厚薄均匀，效果最佳。

路面砾化机的研制成功解决了日常养护中堤坝顶砾化人工摊铺不均匀、劳动强度大、效率低等一系列难题，实现了堤坝顶砾化的机械化作业，有效控制了摊铺厚度，解决了堤顶铺撒石料过程中砾石超径问题，实现了堤顶砾石均匀摊铺。该机具加载在自卸汽车之后，动力由自卸汽车提供，不需新增动力装置，结构简捷，使用方便。

四、温度湿度智能监控仪

针对仓库、档案室等物资、材料保存时温度、湿度不易控制，而保管人员又不能及时了解到相关信息，造成霉烂、变质等不必要的损失等情况，济源河务局自行开发研制了温度湿度智能监控仪。

温度湿度智能监控仪主要由信息收集器和智能操作系统组成。信息收集器采用了先进的嵌入式单片机 AVR 来完成温度、湿度的同步采集和数据分析，现场可对温度、湿度进

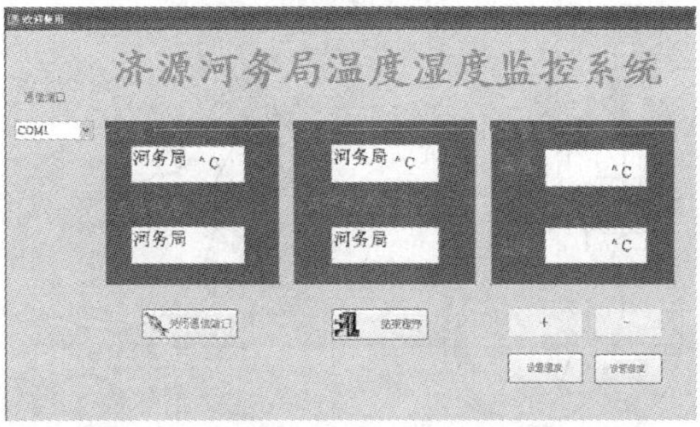

行监控和报警,监控范围 +150 ℃ ~ -50 ℃,并通过采用485 串口通信,将采集的温度、湿度数据实时上传到电脑,传输距离最多可以达到3 000 m。它实现了远程对温度、湿度的监控和管理。同时,利用 RS -485 电气特性和简单的结构方式,采用自定义串行通信协议,允许一个发送器驱动多个负载设备。

智能操作系统是在 VB2005 平台上开发的专业软件,操作系统简单便捷,对于使用人员无需培训即可上手。

监控仪对温度、湿度的远程监控是非常灵敏的,操作也非常简单。目前,该设备已在济源、孟津河务局等单位的防汛仓库及档案室得到安装应用,防汛仓库及档案管理人员对该设备的运行情况一致反映良好。

五、液压刮平机

目前,黄沁河堤顶仍采用泥结石结构,堤顶平整采用牵引式手动操作刮平机和人工配合修整作业,劳动强度大,生产效益低。2007 年,孟津河务局成功改制了一套液压刮平机,可以对黏土结构的堤坝顶、泥结石结构路面、农田、小型筑路施工等进行平整作业和养护。

液压刮平机主要由动力源、液压系统、铲刀、松土装置及配重装置组成。整台机械的动力全部由上海 50 型拖拉机发动机提供,发动机功率 36 kW,最大牵引力 27. 9 kN,最大行驶速度 45 km/h,最小回转半径 8 m,最大推土深度 50 mm(密度 1. 65 t/m^3 泥结土混合料)。

液压系统由 1 个 CB - PC16C - FL 单向齿轮泵、1 个溢流阀、1 个 ZS1 系列多路阀、6 个 HSG 系列液压缸、6 个调速阀组成。依靠安装在发动机上的齿轮装置提供动力,并设置多路阀控制油路,通过对 6 个液压缸的动作控制来实现铲刀的升降、旋转、倾斜及松土器的工作。

改进后的液压刮平机操作简便快捷,刮平精度较高,提高了刮平效率,降低了劳动强度,可适用于多种路面的刮平作业。特别是用于堤防、控导工程大范围、长距离的养护工作有着良好的效果,是理想的工程养护新机械,深受一线养护人员的欢迎,在防洪工程日常养护中适用性强,具有极强的推广价值。

六、挖掘机辅助装置

为充分发挥大型机具在防洪抢险中的功效,发挥其"好、快、省"的特点,孟津河务局在对挖掘机功用深入研究的基础上,成功研制了挖掘机辅爪装置,该装置对挖掘机的抓物功能进行了拓展,并获得 2006 年河南黄河河务局创新特等奖、2007 年创新一等奖、2008

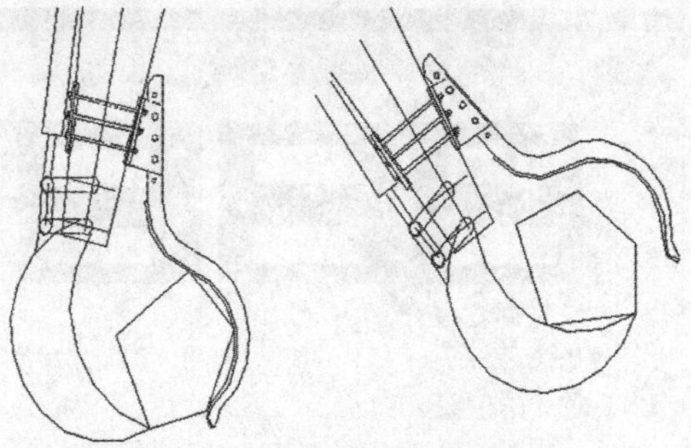

年获国家专利认证。

挖掘机辅爪装置由两个爪子、支撑板、前夹板、后夹板、前后挡块和一些紧固件组成。爪子是挖掘机辅爪装置的核心部件，它采用流线形结构。前夹板和后夹板通过6条高强度螺栓夹住挖掘机的长臂，由于挖掘机的长臂有一定的斜角，螺栓两端均有方形斜垫片。前后夹板的下面紧贴前后挡块，防止夹板沿斜面下滑，斜面和挡块共同限位，使前后夹板不会上下移动。两个爪子夹在后夹板的两个槽子内，也有6条螺栓将其连接。在两个爪子之间还有三块支撑板连接，将两个爪子连为一体，提高整体刚性。

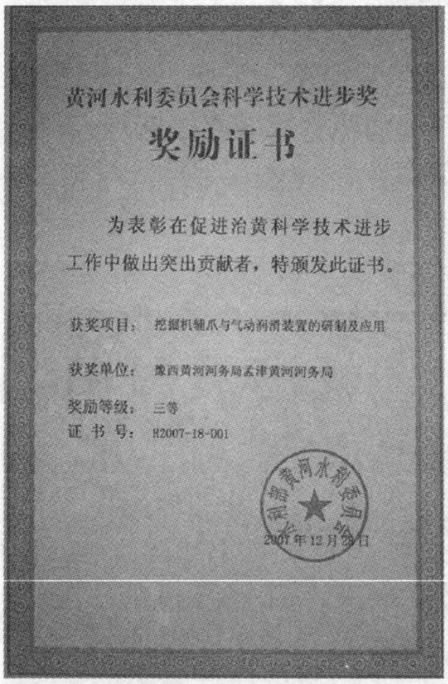

黄河水利委员会科学技术进步奖

奖励证书

为表彰在促进治黄科学技术进步工作中做出突出贡献者，特颁发此证书。

获奖项目：挖掘机辅爪与气动润滑装置的研制及应用

获奖单位：豫西黄河河务局孟津黄河河务局

奖励等级：三等

证书号：H2007-18-001

围绕摩擦点的快速保养难题，在挖掘机上建立了新的气源装置，实现了注油气动化，将一次注油时间缩短为3分钟，大大提高了注油效率。整个气动润滑保养装置由以下部分组成：空压机、空气过滤器、贮气罐、安全阀、过滤器、减压阀、油雾器、执行元件—气动高压注油器以及一些管路附件组成。通过空压机压缩空气进入贮气罐内，经过气源处理后到达执行元件，并输送至高压注油器，通过加油枪控制加油。

上述装置的研制成功，提高了抢险效率，减轻了劳动强度，被河南黄河河务局列入科技推广项目，已被广泛应用于黄河防汛机械化快速抢险作业中。

七、机械化装抛铅丝笼

孟津河务局在挖掘机辅爪装置的基础上，配合装笼箱作业，研制了一种和挖掘机辅爪配合使用的机械化快速抢险装置，获得2008年度黄委科技进步二等奖。

机械化装抛铅丝笼快速抢险装置将铅丝笼固定于一特制装笼箱内，装笼箱是一长方框架铁板结构，四角用铁扣上下活扣连接，可装块石1.6 m^3。挖掘机（和辅爪装置配套使用）抓取石料后可抛入。然后用一个抗扭力强、韧性好的45号钢制成钩状的气动封笼器，进行封口，由于封笼器的动力来自挖掘机的气动装置，所以既避免了电器化操作封笼在恶劣天气下不安全的隐患，又加快了封笼的速度。挖掘机将装笼箱吊起，装石饱满、封口良好，铅丝笼暴露出来，最后可利用挖掘机辅爪把铅丝笼抓抛到理想的位置。

铅丝笼模具化以后，配合挖掘机辅爪装抛笼一次到位，配有辅爪装置的挖掘机直接将抢险石料抛入装笼箱，装笼箱装笼具有固定能力强，不易变形，抗拉、抗压能力强的优点；接着利用气动封笼器对铅丝笼进行封笼，既快速又省时，然后可以用挖掘机抛铅丝笼，整个过程对机械化的运用系统、科学、合理。

该机具在水利工程施工以及防汛抢险中得到推广应用，不但提高了工程施工和防汛

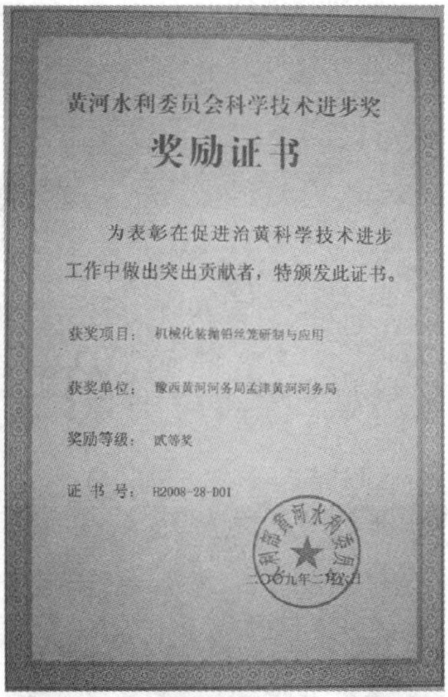
黄河水利委员会科学技术进步奖

奖励证书

为表彰在促进治黄科学技术进步工作中做出突出贡献者，特颁发此证书。

获奖项目：机械化装抛铅丝笼研制与应用

获奖单位：豫西黄河河务局孟津黄河河务局

奖励等级：贰等奖

证书号：R2008-28-D01

抢险的速度，而且降低了工人的劳动强度，减少了工程施工和防汛抢险的投资，取得了较为可观的社会效益及经济效益。

八、平坡地割草机

为解决黄河大堤的割草养护任务重、效率低、强度大等问题，孟津河务局自行研发了一种平坡地割草机。

平坡地割草机总体机构包括行走机构、割草机构两部分。行走机械采用双轴六轮驱动机构，动力装置为18马力柴油机，其中前轴配设两个轮子，后轴配设四个轮子。割草机构采用复式切割器，其动力由副业轮提供，其割刀作往复运动，结构较简单，适应性较广。割刀设计上采用自磨式割刀，可以避免由于割刀钝化而拆卸打磨的弊端。

割草机安装采用前挂式，配在前端的实时仿行轮可根据养护草皮实际高度自行调节，可时刻保证割台与地形平行，割茬高地均匀、错落一致，割草质量较高。

平坡地割草机全部机械化结构，割草效率大幅度提高；可运用于牧草、高粗野草铲除上，能适应一般或较高作业速度（6～10 km/h）的要求，工作质量较好；不受地形限制，可用于平地、斜坡、爬坡作业，避免了传统行走机构斜坡作业易倾覆的弊端。

九、PR－20a 型平地机

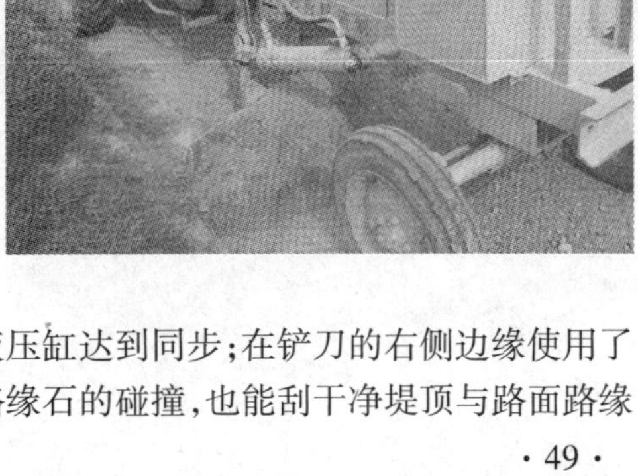

结合黄河防洪工程堤坝养护特点，针对大型平地养护设备要求作业面大、人工平地养护劳动强度高的实际情况，孟津河务局成功研制了 PR－20a 型平地机，获得2007 年河南黄河河务局创新特等奖。

该平地机由东方红－20 型拖拉机、液压系统、刮刀等三部分组成。PR－20a 型平地机是从东方红－20 型拖拉机改装而成，动力及支撑部件均为东方红－20 型拖拉机所提供；发动机通过齿轮传动给液压系统的齿轮泵提供动力，并对液压系统加装节流阀，从而调节刮刀两侧液压缸达到同步；在铲刀的右侧边缘使用了滚轮式防碰撞结构，以此避免刮刀在工作时与路缘石的碰撞，也能刮干净堤顶与路面路缘

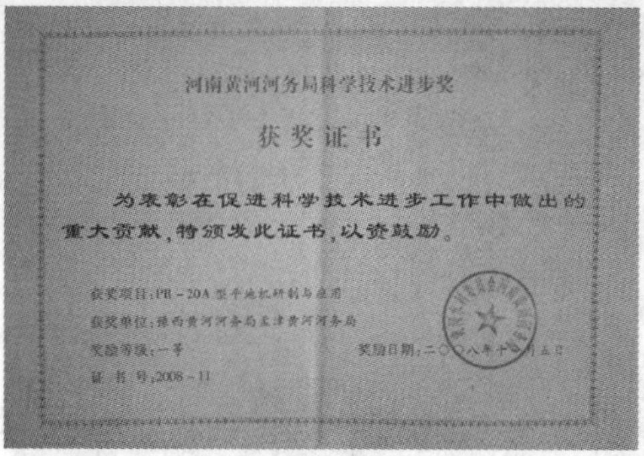

河南黄河河务局科学技术进步奖

获奖证书

为表彰在促进科学技术进步工作中做出的重大贡献，特颁发此证书，以资鼓励。

获奖项目：PR－20A型平地机研制与应用

获奖单位：豫西黄河河务局孟津黄河河务局

奖励等级：一等　　奖励日期：二〇〇八年十[illegible]月五日

证书号：2008－11

石结合部位间的杂物。

该平地机具有回转半径小、操作灵活、适应性强的特点，适合黄河堤坝顶面平整养护的需要；刮刀的右侧边缘使用了滚轮式防碰撞结构，有利于保护刮刀和路缘石，较好地解决了堤坝顶作业面小、边角难以平整的难题；对液压系统加装节流阀，通过节流阀调节，有效解决了刮刀两侧液压缸工作不同步问题，提高了刮平精度。

十、U 型渠一次成型机

2006 年，济源河务局经过探索研究，成功开发了一种可替代混凝土预制板拼接施工的新型整体浇注施工技术——U 型渠一次成型机。

U 型渠一次成型机主要结构由卷扬机、模具、振动器、抹光部组成，模具中包含导向部、料斗、滑模部。导向部截面呈 U 型，前窄后宽，利于导向和修正。料斗呈倾斜状，利于混凝土向后输送，可减少模具前进阻力。振动器安装在料斗前后两侧，能起到振动输送和紧实成型的作用。滑模部也呈 U 型截面，对渠体起到成型和初步抹光的作用，两侧的滑靴用来修抹顶面。抹光部装在成型机的尾部，也是 U 型截面，与滑模之间为柔性连接，用来进一步修抹内表面。

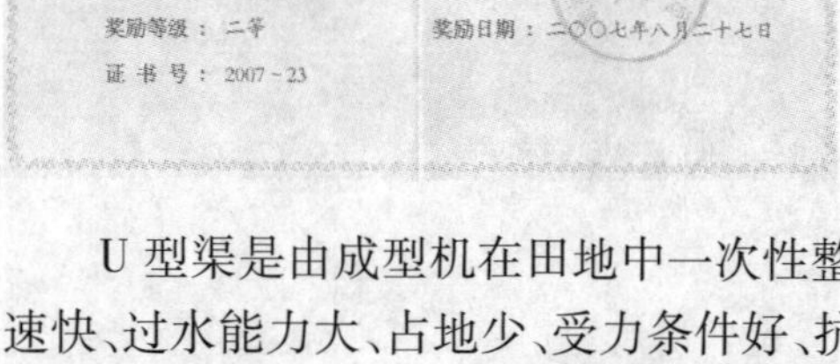

河南黄河河务局科学技术进步奖

获奖证书

为表彰在促进科学技术进步工作中做出重大贡献，特颁发此证书，以资鼓励。

获奖项目：U 型渠一次成型机的研制

获奖单位：济源河务局

奖励等级：二等　　奖励日期：二〇〇七年八月二十七日

证书号：2007－23

施工前，须先做出 U 型土渠，土渠应尽量平直，断面形状要尽可能与导向部轮廓吻合，将成型机抬入土渠内，卷扬机的绳头和地锚连接。振动器接通电源，模具振动，然后向料斗加混凝土，启动卷扬机，模具在牵引力作用下缓慢前行。混凝土在振动的作用下“流入”滑模部周围，滑模部依靠重力和振动作用，U 型槽体即形成了。经测验，U 型渠一次成型机最佳使用速度为 1 m/min 左右。

U 型渠是由成型机在田地中一次性整体加工出来的，具有无接缝、防渗好、湿周小、流速快、过水能力大、占地少、受力条件好、抗冻涨性能好等优点，在大型灌区的末级渠系改造中得到推广应用。

附件 1

河南黄河工程维修养护设计标准

1　堤防工程标准

1.1　堤顶

堤顶宽为 10 ~ 12 m，堤顶道路为三级柏油路，硬化路面宽 6 m，两侧设路缘石，路缘石顶与路面平。堤顶排水分集中和分散两种方式。排水沟（防护墩）外侧距堤肩线 0.5 m 处植行道林 1 行。

1.1.1　路面

1.1.1.1　硬化路面

堤顶道路为三级路，硬化路面宽 6 m，横坡为 2%。硬化堤顶保持无积水、无杂物，整洁，路面无损坏、裂缝、翻浆、脱皮、泛油、龟裂、啃边等现象。

硬化堤顶路面损坏后应及时修补，保证路面完好及交通通畅。

1.1.1.1.1　沥青道路维修标准

裂缝处理措施：

将裂缝缝隙内的浮土清除，裂缝路段清扫干净后，均匀喷洒少量沥青（在低温、潮湿季节宜喷洒乳化沥青），再均匀撒一层 2 ~ 5 mm 的干燥洁净石屑或粗砂，最后用轻型压路机将矿料碾压平整。

壅包处理措施：

对于轻微的壅包，采用机械刨削或人工挖除，然后对路面进行平整。对严重壅包，采用机械或人工将壅包全部清除，并低于路面约 10 mm，清除碎屑、杂物及粉尘后用热沥青混合料重做面层。

沉陷处理措施：

路面略有下沉，无破损或少量裂缝，可喷洒或涂刷黏层沥青，再用沥青混合料将沉陷部分填补，并压实平整。对破损严重，矿料松动、脱落的，先进行凿除，再按坑槽进行处理。

车辙处理措施：

对于车辆行驶推移产生的车辙，将面层切削或铣刨清除，然后重铺沥青面层。

波浪与搓板处理措施：

轻微现象按照裂缝的维修设计处理，找平后压实；起伏较大时，将凸出部分铣刨削平，并低于路面 10 mm，喷洒热沥青，匀撒一层粒径不大于 10 mm 的矿料，扫匀，找平，压实；严重的，将面层全部挖除，重铺面层。

冻胀和翻浆处理措施：

因冬季基层中的水结冰引起冻胀，春融季节化冻引起的局部翻浆，采用打石灰梅花桩或水泥砂砾桩的方法改善，最后恢复面层。

坑槽处理措施：

按照“圆洞方补、斜洞正补”的原则，划出修补轮廓线，开凿至坑底稳定部分，清除槽底、槽壁松动部分，涂刷黏层沥青，填入沥青混合料并压平。

麻面与松散处理措施：

对于麻面喷洒稠度较高的沥青,均撒适当粒径的嵌缝料,使中部嵌缝料稍厚,周围与原路面接口要稍薄,定型整齐,碾压成型。松散路面将松散部分全部挖除,重做面层。

泛油处理措施:

轻微泛油均撒3~5 mm粒径的石屑或粗砂,压平;较重泛油路面,先撒5~10 mm粒径的碎石,碾压,待稳定后,再均撒3~5 mm粒径的石屑或粗砂,压平。

脱皮处理措施:

将脱皮或松动部分清除,在下层沥青面层上涂刷黏结沥青,重做沥青层。

啃边处理措施:

将破损沥青清除,在接茬处涂刷黏结沥青,用沥青混合料填平,整平压实,修补后的路边与原路边齐顺。

磨光处理措施:

路面石料棱角被磨掉,路面光滑,加铺抗滑层进行罩面处理。

1.1.1.1.2　混凝土道路维修标准

填缝料散失或破坏处理措施:

砌块间填缝水泥砂浆发生破碎,剔除清理干净过后重新灌缝,待砂浆达到一定强度后开放通车。

个别混凝土块松动、破碎、错台、跳出或沉陷处理措施:

个别混凝土块松动、破碎按原尺寸进行更换,错台、跳出或沉陷的先进行基础处理,再按原尺寸进行更换。

较大面积的沉陷、隆起、车辙或错台处理措施:

挖除变形的混凝土块,重新进行基础处理,重新浇筑混凝土路面。

由于路肩的损坏引起路边部分砌块歪倒、横移和缝宽增大处理措施:

首先修理好边石或路肩,从路面方向向边石逐步压实基础,重新铺筑混凝土面。

1.1.1.2　未硬化路面

路面宽度符合设计要求,表面整齐、饱满顺畅,中间高、两侧低,呈花鼓顶状,横坡为2%。堤顶保持无积水、无杂物,整洁,路面无损坏,中间均匀铺设6~8 m宽小粒径(不大于2 cm)碎石砾化路面。

1.1.1.3　交通标志线

硬化路面中间为黄色虚线、两侧为白色实线,线宽均为150 mm。标志漆涂刷归顺、一致。

1.1.1.4　路缘石

硬化路面两侧设路缘石,路缘石顶与柏油路面平,全线贯通。路缘石尺寸为厚15 cm,高30 cm,长度不小于80 cm,一般可采用混凝土或石材。采用混凝土时设计混凝土标号不得低于C20。采用石材时要求石材质地坚硬、耐风化。

未硬化路面两侧设路缘石,路缘石材质、尺寸同上,根据排水需求合理确定埋设深度,要求顺直、整齐、美观。

1.1.2　堤肩

堤肩无明显坑洼,堤肩线平顺规整,植草防护。

1.1.2.1　有排水沟堤肩

排水沟与路缘石间距0.5 m，中间采用C20混凝土硬化，厚0.15 m，每10 m设一条伸缩缝，伸缩缝设止水条。混凝土硬化排水沟结合部设现浇混凝土防护墩。防护墩柱体尺寸为0.20 m×0.20 m×0.25 m（外露高度），内加Φ8～12 mm钢筋，用红白条反光漆涂饰（下同）。

排水沟外侧堤肩植葛巴草和花卉。

1.1.2.2　无排水沟堤肩

堤身无排水设施的，采取散排方式排放堤顶积水。路缘石外侧0.5 m设现浇混凝土防护墩，防护墩与路缘石之间采用C20混凝土硬化，厚0.15 m，每10 m设一条伸缩缝，伸缩缝设止水条。

防护墩外堤肩植葛巴草和花卉。

1.1.2.3　堤肩花坛

堤顶宽度超过12 m的堤段，或堤顶硬化路面靠一侧，另一侧堤肩较宽的堤段，堤顶设置花坛。花坛长、宽和间隔根据实际情况确定。花坛边界采用冬青、黄杨等生物品种围砌，内置月季等各种常绿长开花卉，两花坛间堤肩植葛巴草。

1.1.2.4　绿篱

对于堤肩宽度大于2 m的堤段，可在堤肩上种植绿篱，临背河各一行，标准为宽1 m，高0.5 m，距离排水沟外侧0.5 m。种植品种主要有红花继木、红叶石楠、金叶女贞、小叶女贞、豆瓣黄杨、洒金柏等。

1.1.3　排水沟

硬化路面堤顶两侧设置纵向排水沟各一条，与路缘石的距离保持一致，间距为0.5 m。

采用C20预制或现浇混凝土结构，梯形断面，尺寸为上口净宽36 cm，上口外边沿宽46 cm，底部净宽30 cm，净深16 cm，每100 m设置1条。

堤坡、淤区横向排水沟、险工排水沟结构尺寸与此相同。

为防止雨水下泄时坡脚被冲刷，在坡脚处采用砖砌水泥砂浆抹面结构修做消力池，尺寸为长60 cm、宽50 cm、深30 cm。

1.1.4　行道林

行道林沿堤线布置在排水沟外侧，距堤肩线的距离为0.5 m，黄（沁）河干堤堤顶行道林每侧一排。行道林种植、更新、补植应高低错落有致，多彩搭配，胸径一致。行道林以大叶女贞、栾树等适宜高杆树种为主，可间植红叶李、百日红、雪松、刺柏等常绿及开花树种。大叶女贞等高杆树木单独种植时，间距为4 m。大叶女贞与红叶李、百日红间隔种植时，同一品种间距为8 m。大叶女贞与雪松、刺柏间隔种植时，同一品种间距为10 m。

树株胸径一致，不小于5 cm。无死株、缺株，成活率达95%以上。

1.1.5　土牛

为便于管理，减少日常维护工作量，土牛以集中存放为原则。统一放置在淤区内，沿堤线与堤防平行堆放，间距为500～1 000 m。土牛距堤坡与淤区顶面内侧交线不少于2 m，土牛堆放长度50 m、宽度5～8 m，四周边坡1∶1，土牛顶低于相邻堤顶1 m。

已硬化段堤防原则上堤顶不再存放土牛。花园口、柳园口景区段，可以将淤区超高、超宽部分视为备防土料，不再另行配置。

已建成标准化堤防尚未配置土牛的，配置时要按上述要求存放；已配置的堤线，应在以后补充时，按上述要求逐步调整。

堤防土牛应达到顶平坡顺，边角整齐，规整划一。

土牛土质要求同堤防工程土质。

1.1.6　路口

1.1.6.1　路口设置

路口设置以防汛、抢险为主，以当地群众生产、生活为辅，不得新开上堤路口，对小路口和堤身开挖路口，一律封死。堤防路口不得蚕食堤顶，顺坡的上堤道路应在设计断面以外，不能侵占堤身，确保堤身完整。上堤路口应从堤肩外1 m开始起坡，路面坡度不小于1:15。路口两侧各设5个路口警示桩。路口警示桩尺寸为0.2 m×0.2 m×1.5 m，埋深0.5 m。警示桩地面以上100 cm用红白反光漆涂刷，间隔25 cm，自上而下先白后红。

上堤道路路基边坡1:2，路面平坦，路肩平顺、口直。与堤坡交线顺直、整齐、分明。上堤道路保持完整、平顺，无沟坎、凹陷、残缺，无蚕食侵蚀堤身现象。

辅道两侧距路肩线50 cm处各种植一排乔木(树种不限)，要求胸径在8 cm以上，存活率达95%以上，间距不大于4 m。

1.1.6.2　超限墩

为控制超载车辆，在主要交通路口两侧的堤顶道路设置堤顶限载设施，控制超载车辆通行。

堤顶限载设施为钢筋混凝土结构，可有效防止牵拉碰撞破坏，超限设施两面上刷红白反光漆条及禁、限行标语。

堤顶限载墩设置标准为：路面以上高1 m，路面以下埋深1 m，中间开口宽2.2 m，两侧修至堤肩。限载墩为钢筋混凝土结构，用废旧铁路钢轨护边；一侧为固定结构，一侧为固定加活动结构。日常情况下，活动部分与固定部分利用底部钢筋混凝土桩和侧面钢轨销固定，结合处用水泥勾缝，表面完整无缺；涉及重大抢险时，抽出侧面钢轨，吊出活动部分，开口宽增至4.2 m。

1.1.7　标志(牌)

1.1.7.1　堤防界牌

分界标志设在行政区划的分界背河堤肩处，界牌与行车方向垂直。分界牌可修建横跨堤顶的门架式，高度5 m，框架材料采用钢架结构。两行政区划的分界牌合用一个，不允许单设，本单位完成上界界牌(或以区域划分)。

1.1.7.2　标志牌

为便于防汛抢险，指示通往国道、省道、各市、县、乡(镇)及各地市、县河务局和黄河工程点的指示标志。

标志牌用悬臂式，以美观醒目为准，杆总长600 cm、直径12～18 cm，牌长140 cm、宽100 cm、衬边宽0.6 cm，标志牌采用铝合金板厚度3～3.5 mm或合成树脂板4～5 mm。标志杆与基础采用拴接。基础为现浇混凝土，标志牌离地面500 cm左右，顶部100 cm为固定标牌段。

材料:标志牌底板可用铝合金板或合成树脂类板材(如塑料硬质聚氯乙烯板材或玻璃钢等)材料制作,标志牌双面原则上均采用蓝底白字。

1.1.7.3　里程桩

千米桩:用于指示堤防道路里程,柱体为黑色,字体为白色黑体阿拉伯数字,并涂反光漆。千米桩设计为长方形,具体尺寸为 80 cm×30 cm×15 cm,两面标注千米数,埋深 40 cm。千米桩垂直堤防埋设在背河排水沟外侧(无排水沟时,设在防护墩外侧)整千米桩号处。

百米桩:设在堤顶道路背河侧各千米桩之间,每 100 m 设一个。柱体白色,字体黑色,具体尺寸为 50 cm×15 cm×15 cm,四面标注百米数,埋深 30 cm。

材料:坚硬青石或预制钢筋混凝土标准构件。

1.1.7.4　其他标志牌

参照公路标准沿堤线设立警告、急转弯、禁行标志牌。警告、急转弯标志牌为三角形,边长 80 cm;禁行标志牌为圆形,直径 90 cm,采用工程塑料制作,底面距堤顶 4 m,采用 Φ108 mm 无缝钢管支撑,钢管下部浇混凝土墩固定。

道路各种警告标志可参照中华人民共和国国家标准 GB 5768—1999《道路交通标志和标线》标准执行。

1.2　堤坡

临背河堤坡标准为 1∶3,每隔 100 m 设一横向排水沟,与堤顶纵向排水沟相连,临背河交错布置。

1.2.1　设计标准

堤坡应保持竣工验收时的坡度,坡面平顺,草皮密实,无残缺、水沟浪窝、陡坎、洞穴、陷坑、杂草等,无违章垦殖及取土现象,堤脚线明晰、平顺、无残缺。

堤坡面平顺,沿横断面方向凸凹不超过 5 cm。

堤坡草皮以葛巴草为主,修剪高度不超过 10 cm,覆盖率达 98% 以上。可以少量试种其他品种,保持无高秆杂草,达到防冲要求。

堤坡补残时,补残部分土体的填筑标准应按压实度确定,压实度值应符合下列规定:

1 级堤防不应小于 0.94;

2 级和高度超过 6 m 的级堤防不应小于 0.92;

3 级以下及低于 6 m 的级堤防不应小于 0.90。

土质要求同堤防工程土质。

1.2.2　植草

堤坡植草以适应性强、成活率高、管理方便、防冲效果好的葛巴草为主。草皮常剪常修,草高以距地面 10 cm 为宜。草皮更新时,先整修堤坡再植草。植草纵横见线,行间距 25 cm,选择根系发达的旺苗,在雨季栽植。

1.2.3　排水沟

堤坡排水沟与堤顶和淤区排水沟相连,形成交错的排水网络。每 100 m 设置一条,临、背交错布置。临河横向排水沟布置从堤顶到堤脚,背河横向排水沟布置从堤顶到淤区纵向排水沟。

排水沟顶沿低于堤坡坡面,排水槽两侧及底部铺设三七灰土,厚度15 cm,人工夯实,并与堤坡结合密实。在临河堤坡坡脚设消力池,防止排水冲刷出现潭坑。消力池宽60 cm、深30 cm、长50 cm,可采用砖砌水泥砂浆抹面结构修做。

1.3　前(后)戗

前(后)戗以种植草皮和花坛为主。花坛长、宽和间距应根据戗台宽度确定。外边界采用黄杨等生物品种围砌,内置各种常绿长开花卉,配置黄杨、冬青造型等。花坛间种植葛巴草。

前(后)戗外沿外设边埂,顶宽0.5 m、高0.3 m,边坡1:1。每隔20 m设一隔堤,顶宽0.3 m、高0.3 m,边坡1:1。

前(后)戗外沿边埂内栽植1排风景树,以红叶李、蜀桧、塔松、刺柏等树种为主,株距6 m。树株胸径一致,不小于3 cm。无死株、缺株,成活率达95%以上。

1.4　淤区

1.4.1　排水沟

淤区排水沟与堤顶、堤坡排水沟连接。淤区积水由淤区横向排水沟排放到淤区纵向排水沟内,然后集中排放到地方渠系,形成网状排水系统。

1.4.1.1　横向排水沟

淤区横向排水沟承担淤区积水排放任务。垂直堤防每100 m一条,从淤区外边埂修至淤区纵向排水沟。排水沟尺寸、结构形式同前。

1.4.1.2　纵向排水沟

淤区纵向排水沟设置在堤坡坡脚外侧,承泄堤顶和淤区汇流,在合适地点将汇流集中排入地方排水系统。

淤区纵向排水沟的尺寸可根据实际排水量确定,结构采用浆砌石或混凝土。

纵向排水沟与地方排水系统连接时,需要跨越道路时,可采用桥涵等方式连接。

1.4.2　边埂

为便于淤区土地的开发、生产、管理,防止淤区积水顺坡排放,在淤区顶面外边缘设置边埂。在上堤道路处与上堤路口相接,开通淤区对外连接道路。其标准为:顶宽2 m、高0.5 m,外坡与淤区坡平顺(均为1:3)、内坡1:1。边埂顶平坡顺,每10 m长度范围内凸凹不超过5 cm。边埂外沿轮廓线平滑顺直,顶部植草防护。

1.4.3　淤区绿化

淤区绿化以经济林和苗圃开发相结合。经济林选择适宜树种,可参考行距5 m、株距3 m或行距3 m、株距2 m进行种植。苗圃以大叶女贞、栾树、国槐、白蜡、法桐、香花槐、百日红、红叶李、雪松、河南桧、蜀桧等为主的苗木,花卉、经济林与苗圃间隔种植。淤区内植树以顺堤方向为基线进行布局。

1.4.4　淤区边坡

淤区边坡应保持竣工验收时的坡度,坡面平顺,无残缺、水沟浪窝、陡坎、洞穴、陷坑、杂草杂物,无违章垦殖及取土现象,堤脚线明晰。为达到防冲固土作用,根据其位置,以栽植杨树为主。

1.5 防浪林

1.5.1 植树

黄河高村以上堤防临河堤脚外栽植防浪林 50 m 宽,其中高柳栽植宽 24 m,丛柳栽植宽 26 m。

高村以下堤防临河堤脚外栽植防浪林 30 m 宽,其中高柳栽植宽 14 m,丛柳栽植宽 16 m。

沁河堤防临河堤脚外栽植防浪林 15 m 宽,其中高柳栽植宽 8 m,丛柳栽植宽 7 m。

对于已成材的高柳和树干直径在 0.05 m、高 2.5 m 以上的丛柳,按有关规定进行间伐,防浪林更新间距:高柳 4 m×4 m,丛柳 2 m×2 m。间伐后,防浪林不得出现断带现象。

防浪林堤段有苗木缺损或断带现象的,第二年应及时进行补植,保证防浪林成活率在 95%以上。

1.5.2 界桩、边埂

沿防浪林边界埋设边界桩,保护工程管护边界不被侵蚀,确保工程完整。护堤地要达到地面平整,边界明确,界沟、界埂规整平顺,无违章取土现象,无杂物。

界桩材料采用预制钢筋混凝土标准构件。边界桩以基层水管单位管护范围为界,自上游至下游依序进行编码,直线段 200 m 埋设 1 根,弯曲段适当加密。边界桩为长1.8 m、边长 15 cm 的四棱柱。界桩四面标注序号,涂红白间隔漆,色宽 25 cm,埋深 80 cm。

边埂顶宽 0.5 m,高 0.5 m,边坡 1:1。边埂设置在界桩内侧。

1.6 护堤地

1.6.1 植树

背河堤脚外护堤地栽植经济树种,间距 3 m×3 m。成活率在 95%以上。

1.6.2 界桩、边埂

护堤地界桩、边埂要求与防浪林界桩、边埂相同。

1.6.3 排水沟(截渗沟)

当地河渠排水系统形成网络时,护堤地修筑排水沟,集中排放淤区边坡、护堤地因降雨等形成的积水。否则,实行散排,以减少与群众的纠纷。排水沟利用放淤固堤工程截渗沟进行整修、维护、衬砌。

2 河道整治工程标准

2.1 主体工程

2.1.1 坝顶

坝(垛、护岸)顶高程、宽度等主要技术指标符合竣工验收时的标准。坝坡面平整、碾压密实,沿横断面方向每 10 m 长度凸凹不超过 5 cm。以栽植葛巴草为主,生长旺盛,草坪修剪高度不超过 10 cm,草皮覆盖率 98%以上。坝面无凸凹、陷坑、洞穴、水沟、浪窝、乱石、杂物及高秆杂草等。与坦石顶结合部采用黏土或三七灰土,进行防渗处理,宽 30 cm、深 50 cm。土坝顶高于坦石顶 5 cm。

2.1.2 坦石顶与防冲沿

险工(控导)坦石顶、防冲沿采用 C20 现浇混凝土或青料石,每 1 m 设伸缩缝。坦石顶宽 1 m、厚 15 cm,外沿轮廓线要线直弧圆,平整一致。防冲沿顶宽 10 cm,防冲沿前为斜坡，宽 10 cm、高 10 cm。新修工程根石薄弱，坦石顶采用浆砌块石。

坦石顶无凸凹、墩蛰、塌陷、空洞、残缺、活石，坦石顶与土坝基结合部无集中渗流。

2.1.3 备防石

备防石存放要考虑工程管理和防汛抢险需要，存放位置合理，做到整齐美观、整体划一。每垛高 1～1.2 m，长、宽根据坝顶实际情况确定，尺寸要尽量一致，垛间距 1 m，距迎水面坝肩不少于 3 m，距背水面坝肩不少于 2 m。每垛 50 m^3 或以 10 的倍数为准，坝垛号和方量标注清晰。备防石采用水泥砂浆抹边、抹角，边、角抹面宽度 0.15～0.20 m。经常靠河工程的备防石可不抹面。

对于坝顶存放不了的备防石，可成垛集中存放在淤区，每垛 50 m^3 或以 10 的倍数为准，编号和方量标注清晰。备防石采用水泥砂浆抹边、抹角，边、角抹面宽度 0.15～0.20 m。存放在淤区的备防石要根据备方石数量合理确定存放间距，确保整齐美观。

出于抢险的需要和考虑，确需在险工段堤肩或戗台集中存放备防石的，可参照河道工程的相关要求进行集中堆放。

备防石标志尺寸：主垛长 0.6 m，宽 0.4 m；一般垛长 0.5 m，宽 0.3 m。用水泥砂浆抹平，边角整齐，白底黑体红字，油漆喷制，边框 2 cm、线宽 1 cm。每道坝岸第一垛为主垛，用主垛标志，其余用一般标志。

备防石垛的五个面要求平整，纵横断面范围内凸凹不超过 5 cm。备防石垛无缺石、坍塌、倒垛、杂草等。

备防石石块要求质地坚硬、强度高、耐风化，单块质量在 25 kg 以上。

2.1.4 坝坡

裹护段坦石顶宽 1 m、坡度 1:1.5，坦坡采用散抛石、块石平扣、料石丁扣、浆砌石等护面。坦石与沿子石结合部用混凝土抹面，宽 10 cm、厚 1 cm。

干砌、浆砌结构，坡面平顺，砌缝紧密，沿横断面范围内凸凹不超过 5 cm，已勾缝坝垛灰缝无脱落，坡面清洁，无凸凹、松动、变形、塌陷、架空、浮石、树木及杂草。

散抛石结构，无浮石、游石，坡面平顺，无塌陷、架空，无树木、杂草、杂物等。

非裹护段坡面平顺，沿横断面方向凸凹不超过 5 cm，草皮覆盖完好，无高秆杂草、水沟浪窝、裂缝、洞穴、陷坑、杂物。非裹护段土坝基坝坡符合原设计标准，坡度 1:2，坡面植葛巴草，草皮生长旺盛，修剪高度不超过 10 cm，覆盖率 98% 以上，无高秆杂草。对坡面不平整、坡度不足、植被杂草丛生的，应按设计坡度进行整修，更新草皮，草皮种植行间距 25 cm。

2.1.5 踏步

为便于工程维修、管理、养护，在靠近上跨角的迎水面位置设置踏步 1 个。台阶尺寸为长 1.5 m、高 0.2 m、宽 0.3 m，用料石或块石浆砌而成，并进行勾缝处理。踏步应从坦石顶开始设，最后一台与占体顶部或滩面平。

无破损、凸凹、墩蛰、塌陷、活石。

2.1.6 连坝顶

连坝顶宽符合设计宽度，坝面整齐、饱满顺畅，中间高、两侧低，呈花鼓顶状，横向坡度

2% ~3%，中间铺设 6 ~8 m 宽小粒径(不大于 2 cm)碎石砾化路面，两侧植行道林、植草。无积水、损坏、裂缝、残缺、冲沟、陷坑、浪窝、破坝修路、开沟引水、铺设管道等。

采用分散排水的，坝肩植草防护，宽 0.5 ~1.0 m。草皮生长旺盛，修剪高度不超过 10 cm，覆盖率 98% 以上。无损坏、塌陷、水沟浪窝、杂草。

2.1.7　排水沟

从坝顶修至坡脚，每 100 m 设置 1 条，临背河交错布置。采用 C20 预制或现浇混凝土梯形断面，尺寸为上口净宽 36 cm，底部净宽 30 cm，净深 16 cm。

在坝坡坡脚处采用砖砌，M7.5 水泥砂浆抹面结构修消力池，防止排水冲刷出现潭坑。消力池长 60 cm、宽 50 cm、深 20 cm。

排水沟无损坏、塌陷、架空、淤土杂物。

2.1.8　行道林

连坝两侧各种植 1 排行道林，距坝肩 0.25 m，株距 3 ~5 m 对称栽植。

树株胸径一致，不小于 3 cm。无死株、缺档，成活率达 95% 以上。

2.1.9　坡脚线

坡脚地面平整，10 m 长度内凸凹不大于 10 cm，坡脚明显成线，线条流畅，美观大方。

2.1.10　上坝路

上坝路高度、宽度、坡度保持设计标准。路面平整，坡面平顺，路肩植行道林，无残缺、损坏、堆积杂物。

2.2　附属设施

2.2.1　工程标志(简介)牌

每处险工、控导工程应设立 1 处工程标志(简介)牌，采用砖砌结构，底座外镶石材，碑面外贴大理石面砖。布局合理，达到美观、大方、对称、协调，四周绿化点缀。

险工、控导工程简介牌尺寸为：牌长 7.8 m、高 2 m、厚 0.45 m，底座长 8 m、高 0.8 m、厚 0.55 m。

正面书写所在工程名称，上面一行为工程名称，距顶沿 0.2 m；下面为工程名称的拼音，与工程名称间距 0.1 m，距底座上沿 0.4 m。背面书写工程简介，字体大小根据内容多少确定，达到美观、大方、对称、协调。

2.2.2　标志桩

险工、控导按标准设立坝号桩、高标桩(查河桩)、根石断面桩、滩岸桩、管护范围界桩、警示桩等。坝号桩采用坚硬料石或大理石；其他采用预制钢筋混凝土标准构件。

坝号桩。每道坝安设 1 根，埋设在连坝与丁坝上首边埂上，字面垂直连坝方向；坝号桩尺寸为 80 cm × 30 cm × 15 cm，埋深 40 cm，两面标注坝号。

高标桩。每 5 道坝布设 1 根，设置在坝号含"0、5"的坝面圆头处；高标桩牌采用等边三角形，边长 100 cm，厚 8 ~10 cm，双面标注红色坝号数，采用 Φ108 mm 钢管支撑，支架柱为正四棱柱，高 3.5 m，宽 0.15 m，埋深 1.0 m，基础采用 C20 现浇混凝土墩固定。

根石断面桩。坝垛上、下跨角各设一个，圆弧段设 2 个，迎水面设 3 个。断面编号自上坝根经坝头至下坝根依次排序，坝垛断面编号附后；表示形式为 YS + XXX、QT + XXX 等，"+"前字母表示断面所在部位，"+"后数字表示断面至上坝根的距离。每个断面设断面桩2根,断面与裹护面垂直;根石断面桩尺寸为30 cm×15 cm×15 cm,埋深30 cm,顶面中心标注红色十字形。

滩岸桩。在重点河段,根据河势变化情况,垂直主河槽设置滩岸观测断面桩,尺寸为150 cm×15 cm×15 cm,埋深50 cm。

界桩、警示桩。管护范围界桩直线段每100 m埋设1根,弯曲段适当加密;进出控导工程道路的路口拐角处各设5根警示桩;界桩和警示桩尺寸均为150 cm×15 cm×15 cm,埋深50 cm;警示桩地面以上100 cm用红白反光漆涂刷,间隔25 cm,自上而下先白后红。

为规范标志、标牌管理,在工程上设置的各类标志、标牌均要经工程管理部门审核,做到整齐美观、规范一致。

2.2.3　护坝地

要达到地面平整,边界明确。护坝地植树以培育抢险料源为原则,选择适宜树种,株行距为2~3 m,无病虫害,生长茂盛,树株存活率达95%以上。

护坝地无塘坑、垃圾杂物、建房、开渠、打井、挖窑、钻探、爆破、葬坟、取土、垦殖、冲沟等。

2.2.4　护坝地边埂

沿护坝地边界(界桩在外)内侧修筑边埂,尺寸为顶宽30 cm,高30 cm,边坡1∶1。

2.3　庭院管理

根据控导工程规模建立工程守险班,守险班设施满足抢险料物储备及职工日常生产、生活需要。各类建筑物亮丽美观,无损坏;庭院绿化造型新颖,布局合理,宜三面透绿,整体观赏效果明显,达到"三季有花、四季常青"。

乔木、花卉合理修剪,留枝均匀,剪口平滑,保持树形整齐美观,生长茂盛,树木成活率达100%。

绿化草皮,生长繁茂,修剪平整,高度不超过10 cm,无裸露地面,草皮覆盖率达98%以上。

树木花草无病虫害,无药害、死株、缺档,无杂藤攀援树木,无污物、垃圾等。

管理制度健全并在适宜位置明示,责任区划分明确,各项制度落实到位。

3　水闸工程标准

水闸工程的管理范围是水闸管理单位直接管理和使用的范围。包括水闸工程各组成部分的覆盖范围,即上游引水渠、闸室、下游消能防冲工程和两岸联接建筑物;为保证工程安全、加固维修、美化环境等需要,在水闸工程建筑物覆盖范围以外划出一定保护范围,以及管理和运行所必需的生产、生活区,多种经营生产区、职工文化、福利设施等建设占地。水闸工程管理是在确保其防洪安全和运行的同时,提高管理水平,美化生产、生活环境,达到"四季常青、三季有花"的绿化效果。

3.1　工程绿化

3.1.1　工程区绿化

水闸工程区以工程防洪和安全运行为主,结合庭院实际情况进行适当规划、布置、绿化。

闸室内干净、整洁、有序。版面布置应简洁、美观、大方,内容应以操作规程、安全生产等为主。闸室外工程应以绿化为主,达到“四季常青、三季有花”。

水闸工程管理区内堤防参照堤防管理标准。

3.1.2　生产、生活区绿化

水闸生产、生活区绿化应结合职工日常生产、生活需要,进行景点建设。在规划区内以花坛、花木、果木为主进行建设,达到“四季常青、三季有花”。

生产、生活区围墙应以栅栏形式透绿。栅栏外侧沿栅栏修筑花坛,以黄杨等围边,内植冬青等造型。同时,临堤侧与堤顶绿化相结合,融为一个整体。

3.1.3　设备管理

所有设备均应明确责任人,并建立设备档案;闸门、启闭机等设备按要求进行等级评定;启闭机、机电设备按规定进行周期性试验、检修。观测设施(含测流、测沙、测压、沉陷位移),性能应满足使用要求。

设备标志齐全,检查保养彻底,表面无油污、积尘、破损现象。工程标志醒目大方。

3.1.4　建筑物管理

水闸工程完整,水下工程情况清楚,主体建筑物无影响安全的裂缝、破损等现象。土石结合部位无缝、无隐患。上下游连接段块石护坡无塌陷、蛰裂、松动、滑坡等。上下游引河冲淤情况清楚,不影响工程安全控制运用。铁件无锈蚀,木件无糟朽,止水工程完好。闸房及管理房完好。

3.2　水闸工程简介牌

每处水闸应设立1处工程标志(简介)牌,采用砖砌,外镶石材。底座长5 m、宽0.5 m、高1 m;简介牌底长、宽同底座,顶长5 m、厚0.36 m、高2 m。工程简介字体大小根据内容多少确定,达到美观、大方、对称、协调。

附件2

豫西黄河工程管理月考核办法(试行)

为切实加强黄河水利工程维修养护工作,提高工程强度,改善工程面貌,实现规范管理,充分调动水管单位管护人员干事创业的积极性,培养一支爱岗敬业、技能高强的管护队伍,本着多劳多得,奖勤罚赖的原则,特制定本考核办法。

(一)考核评比办法

(1)考核评比遵照"公平、合理、透明"的原则,按"百分制"评分方法进行,评分划分为:①组织纪律10分;②内业管理20分;③月工作任务完成情况40分;④外业管理30分;单项扣分扣完为止。

(2)考核组成员:市局主管局长、工务部门负责人及业务负责人、养护总公司负责人,县局主管局长、工管部门负责人、养护分公司经理。

(3)考核评比采用随机抽查与定项检查相结合的办法,考核项目中所涉及到的数据指标,按照上级制定的工程管理标准执行。

(4)每月月底,各水管单位将下月的工程维修养护计划,及本月工程维修养护完成情况上报豫西局,市局月底至下月5日前将对水管单位本月的完成情况及下月的维修养护计划进行检查评比。

(5)6月底作半年总结,12月底作年终总评,总评按照月评总分累计进行排名,评比结果将纳入市局年终目标考核,作为评先条件之一。

(6)考核范围:凡拨付有养护经费的所有在册工程均在考核评比之列,铁炉工程、白坡堵串坝、沁河左堤三处工程扣分按标准减半。

(7)考核内容:包括组织纪律、内业日常管理、外业日常管理、当月工作任务等方面。

(8)考核组严格考核制度,考核结果及时公示,接受监督。

(二)考核标准(100分)

1　组织纪律(10分)

1.1　上岗率(7分)

考核要求:无旷工、值班脱岗现象。

评分办法:发现有旷工和值班脱岗现象每人次扣1分。

1.2　公司形象(3分)

考核要求:养护职工着装统一。

评分办法:发现有着装不统一者每人次扣1分。

2　内业管理(20分)

2.1　内业资料(10分)

考核要求:养护大事记、养护日志、运行观测日志、监理日志、会议记录、工作任务安排记录、施工原始记录、学习记录等内业资料,要求填写认真,内容完整翔实。

评分办法:内业资料有缺失或漏项的每发现1项扣1分,记录不认真或不按要求填写的每项扣0.5分。

2.2　规章制度(3 分)

考核要求:建立健全各项规章制度,执行情况良好。

评分办法:规章制度不健全的缺 1 项扣 0.5 分;关键岗和班坝责任制不明确的扣 1 分;制度执行效果按好、中、差三个等级,分别扣 0、0.5、1 分。

2.3　生产工器具管理(2 分)

考核要求:生产器具、辅助器具要求保存完好、放置整齐、无损坏现象。

评分办法:保养不好或损坏的每个扣 0.5 分;不能按班里要求放置的扣 0.5 分。

2.4　工程养护基地管理(5 分)

考核要求:按照准军事化标准进行管理,室内外设施齐全(主要包括:太阳能热水器、活动室、消毒柜、冰箱、电视、垃圾箱、痰盂等生活娱乐设施)、养护人员生活用品(被褥、脸盆等)统一配备,摆放位置合理,无垃圾死角、垃圾和杂物堆放到位、环境卫生整洁;室内物品要摆放整齐。

评分办法:设施不齐全,每件扣 0.5 分;室内外卫生不整洁扣 1 分;生活用品、住房物品不按要求摆放扣 1 分。

3　月工作任务完成情况(40 分)

3.1　当月任务完成情况(35 分)

考核要求:当月养护任务按计划完成,资料填写认真、内容完整翔实,完成情况良好。

评分办法:按照 2008 年《河南黄河工程管理检查内容和评分说明》,当月任务完成情况分为好、中、差三个等级,分别扣 0、5、10 分。

3.2　临时性任务完成情况(5 分)

考核要求:按上级要求完成的各类报件,报送及时,完成情况良好。

评分办法:完不成或质量差的扣 3 ~ 5 分。

4　外业管理(30 分)

考核标准:外业考核包括堤防和河道两部分。

(1)堤防标准:堤坡平顺、堤身无裂缝、无冲沟、无洞穴、无杂物垃圾堆放,草皮整齐,无高秆杂草;堤顶路面满足防汛抢险通车要求,路面完整、平坦,无坑、无明显凹陷和波状起伏,雨后无积水;堤肩线直、弧圆;穿堤建筑物位置、尺寸、质量符合安全运行要求;宜绿化面积中绿化覆盖率达 95% 以上,树、草种植合理,无病虫害;工程排水沟畅通,沟内杂草、杂物清理及时,无堵塞、破损现象。工程管理标志、标牌齐全,醒目美观。

(2)河道标准:河道防护工程质量达到设计要求;无缺损、无坍塌、无松动;无垃圾堆放;备料堆放整齐,位置合理;工程整洁美观。

此外结合我局实际情况,沁河左堤,白坡堵串坝、潜坝,铁炉护滩工程考核标准如下:

左堤:每年杂草治理 2 次;每年平顺堤坡 600 m;黄委、省局考核前林木涂白;保持堤面平整度,要求沿堤轴线 10 m 坑凹高差在 0.1 m 以内。

白坡潜坝:坝顶平整,无缺石现象。

白坡堵串坝:坝体无杂草,无零乱石。

铁炉护滩工程:清除高秆杂草;消除水沟浪窝、动物洞穴;确保无零乱石;黄委、省局考核时确保无垃圾;坝头整修恢复原貌。

考核办法：堤防随机抽取 200 m 作为考核段，河道工程每 10 道坝抽查 1 道，不足 10 道的以 10 道计。此外，上月检查的坝（垛、护岸），每处工程当月再抽检一道，上月检查的 200 m 堤防，当月再抽检 100 m，上月发现的问题未及时进行整改扣分从严，按标准乘 2。评分按照堤防与河道的平均分作为该项最终得分，没有堤防的以河道得分作为该项得分。具体项目考核办法参照省局年终工程管理考核办法。

4.1　堤防(30 分)

4.1.1　堤顶道路及堤坡养护(5 分)

考核要求：保证堤顶道路完整、平坦，无明显的凹陷和波状起伏、无坑洼。经常把道路两边的碎石拢到中间，制止违章车辆顺堤行驶，及时清除路面杂草、杂物。堤坡无残缺、无水沟浪窝及动物洞穴、无高秆杂草，保证草皮覆盖率。

评分办法：沿轴线 10 m 坑凹高差在 0.1 m 以上，发现 1 处扣 0.5 分；堤顶有积水的扣 0.5 分；有高秆杂草每 2 棵扣 0.1 分；发现碎石严重跑到路边的每平方米扣 0.1 分，堤坡残缺每处扣 0.5 分，水沟浪窝及动物洞穴每处扣 0.1 分，高秆杂草每棵扣 0.1 分，覆盖率不足扣 0.5 分。

4.1.2　堤顶边埂及路沿石养护(3 分)

考核要求：堤顶边埂要经常保养，保持清洁，无杂草、无杂物，路沿石整齐无残缺。

评分办法：边埂每发现 2 棵杂草扣 0.1 分；路沿石残缺或歪斜的每块扣 0.2 分。

4.1.3　工程标志牌管理(2 分)

考核要求：各类工程管理标志、标牌（碑）（公里桩、百米桩、禁行杆、边界桩、警示牌、水准点、工程简介牌等）齐全，保持整洁、醒目、美观、无损坏、埋设规范。

评分办法：每损坏 1 处扣 0.5 分；埋设不合理不规范扣 0.2 分；表面不整洁的扣 0.2 分。

4.1.4　树木养护(8 分)

考核要求：加强工程看护、树木管理，保证树木生长茂盛，干旱期间由班长积极组织浇灌，无病虫害、无歪斜现象，保持整齐划一。

评分办法：连续 5 棵行道林树木，每发现 1 棵修剪不整齐（发杈处高低相差 10 cm）的扣 1 分；歪斜严重的每棵扣 0.2 分；每缺失或死亡 1 棵扣 1 分。

4.1.5　违章现象处理(3 分)

考核要求：堤顶、堤坡以及工程管护范围内不准有违章摆摊、堆垛、摊晒、倾倒垃圾等现象。

评分办法：每发现 1 处违章或垃圾扣 0.5 分。

4.1.6　备防石养护(3 分)

考核要求：备防石应规整，无塌垛、无裂缝、无杂草、无杂物、无树根、顶平无冒尖石。

评分办法：塌垛 1 处扣 0.5 分（超过 1 m^3 扣 1 分）；裂缝每发现 2 处扣 0.1 分，冒尖石每发现 2 处扣 0.1 分；垛顶存在杂物每处扣 0.2 分，存在杂草每 5 棵 0.2 分，不足 5 棵扣 0.1 分，每发现 1 个树根扣 0.2 分。

4.1.7　零乱石管理(3 分)

考核要求：零乱石要及时归垛，坝周围工程范围内及坝顶、坝裆无零乱石。

评分办法:每发现 1 块零乱石(0.5 kg 以上)扣 0.5 分。

4.1.8　排水沟养护(3 分)

考核要求:堤坡排水沟应保持完整、通畅,无损坏、无淤泥、无杂草杂物。

评分办法:每发现 1 项不合格的扣 0.5 分。

4.2　河道(30 分)

4.2.1　联坝顶道路及坝坡养护(5 分)

考核要求:保证联坝顶道路完整、平坦,无明显的凹陷和波状起伏、无坑洼。碎石路面要经常把道路两边的碎石拢到中间,制止违章车辆顺联坝行驶,及时清除路面杂草、杂物。坝坡无残缺,无水沟浪窝及动物洞穴、无高秆杂草,保证草皮覆盖率。

评分办法:沿联坝轴线 10 m 坑凹高差在 0.1 m 以上,每发现 1 处扣 0.5 分;联坝顶有积水的扣 0.5 分;有高秆杂草每 2 棵扣 0.1 分;碎石严重跑到路边的每平方米扣 0.1 分,坝坡残缺每处扣 0.5 分,水沟浪窝及动物洞穴每处扣 0.2 分,高秆杂草每棵扣 0.1 分;覆盖率不足扣 0.5 分。

4.2.2　联坝顶边埂及路沿石养护(2 分)

考核要求:联坝顶边埂要经常保养,保持清洁,无杂草、无杂物;路沿石整齐无残缺。

评分办法:边埂每发现 2 棵杂草扣 0.1 分;路沿石残缺 1 块或歪斜 1 块扣 0.2 分。

4.2.3　工程标志牌管理(2 分)

考核要求:各类工程管理标志、标牌(碑)(公里桩、百米桩、禁行杆、边界桩、坝界桩、断面桩、警示牌、水准点、工程简介牌、河道观测桩、水尺等)齐全,保持整洁、醒目、美观、无损坏、埋设规范。

评分办法:损坏 1 处扣 0.5 分;埋设不合理不规范,表面不整洁的每个扣 0.2 分。

4.2.4　树木养护(6 分)

考核要求:加强工程看护、树木管理,保证树木生长茂盛,干旱期间由班长积极组织浇灌,无病虫害、无歪斜现象,保持整齐划一。

评分办法:连续 5 棵行道林树木,每发现 1 棵修剪不整齐(发杈处高低相差 10 cm)的扣 1 分;歪斜严重的每棵扣 0.2 分;每缺失或死亡 1 棵扣 1 分。

4.2.5　违章现象处理(2 分)

考核要求:联坝(坝)顶、联坝(坝)坡以及工程管护范围内不准有违章摆摊、堆垛、摊晒、倾倒垃圾等现象。

评分办法:每发现 1 处违章或垃圾扣 0.5 分。

4.2.6　备防石养护(2 分)

考核要求:备防石应规整,无塌垛、无裂缝、无杂草、无杂物、无树根、顶平无冒尖石。

评分办法:塌垛 1 处扣 0.5 分(超过 1 m^3 扣 1 分);裂缝每发现 2 处扣 0.1 分,冒尖石每发现 2 处扣 0.1 分;垛顶存在杂物每处扣 0.2 分,存在杂草每 5 棵 0.2 分,不足 5 棵扣 0.1 分,每发现 1 个树根扣 0.2 分。

4.2.7　零乱石管理(2 分)

考核要求:零乱石要及时归垛,坝周围工程范围内及坝顶、坝裆无零乱石。

评分办法:每发现 1 块零乱石(0.5 kg 以上)扣 0.5 分。

4.2.8　排水沟养护(2分)

考核要求:联坝坡排水沟应保持完整、通畅,无损坏、无淤泥、无杂物。

评分办法:每发现1处不合格的扣0.5分。

4.2.9　丁坝(垛)、口石、根石台养护(2分)

考核要求:丁坝(垛)、口石、根石台高度一致、无残缺,表面清洁无杂草、杂物;口石勾缝完好。

评分办法:口石缺1块扣0.1分;修补后不合要求的每米扣0.2分;根石台缺石1块扣0.5分,修补后不合要求的每米扣0.2分;口石及根石台有杂草每平方米扣0.2分;杂物每处扣0.1分。

4.2.10　坦坡养护(3分)

考核要求:坦坡平顺,无浮石、无残缺、无杂草、无树根。

评分办法:平扣坦坡每缺石1块(0.2 m^2 以上)扣0.1分;浮石每块扣0.2分;杂草每平方米扣0.2分;修补不合格的扣0.2分,每发现1个树根扣0.2分。

4.2.11　防冲沿养护(2分)

考核要求:无残缺、无损坏、无歪斜、高度保持平顺。

评分办法:残缺1块扣0.2分;损坏1块扣0.1分;歪斜及高度不平顺每块扣0.1分。

(三)奖惩办法

1　奖励基金来源

提取孟津局全年总养护经费的2%、吉利局和济源局全年总养护经费的3%作为奖励基金。

2　奖金的分配

(1)奖励基金按当月考核排名,当月发放。第一名奖励4 000元,第二名奖励2 000元。

(2)奖励基金剩余部分设为工程管理年终奖金,主要奖励工程管理先进单位负责人、主管领导、工管科负责人、养护分公司负责人、工程管理先进个人。

附件 3

河南黄河堤防工程管理检查内容与评分标准

堤防工程检查共分 17 项,满分 1 000 分。

1 堤防保护区(10 分)

标准:黄河堤脚外临河 50 m、背河 100 m,沁河堤脚外 20 m,背河 50 m 内,无新增违章建筑。

检查方法:边界检查点附近和全堤线顺堤目之所及范围内。

评分标准:

有新增取土、挖洞、建窑、开渠、打井、埋坟、建房、挖筑鱼塘、集市等危害堤防安全的活动,每处扣 2 分(10 分)。

2 边界(45 分)

标准:

(1)边界明确,埋设钢筋混凝土预制的四棱柱边界桩。

(2)边界桩为长 1.8 m、边长 15 cm 的四棱柱,埋深 80 cm,垂直地面。

(3)边界桩四面标注序号,从顶部至地面全部涂红白间隔漆,漆条规整无毛刺,每色宽 25 cm。边界桩以基层水管单位为单位从起点到终点依序进行编码,直线段 200 m 埋设 1 根,弯曲段适当加密。

(4)界沟或界埂完整、明显,紧靠界桩,有草皮覆盖。

(5)界埂顶宽 0.5 m,高 0.5 m,边坡 1:1;界沟底宽 0.5 m,深 0.5 m,边坡 1:1。

检查方法:边界桩选择最近一根,界沟界埂量取 10 m。

评分标准:

(1)有边界桩(10 分)。

(2)边长每差 1 cm 扣 2 分(10 分),离地面高度 0.8 ~ 1 m,每差 10 cm 扣 1 分(3 分),垂直于地面(2 分)。

(3)四面标注序号(2 分),涂红白漆(2 分),漆条与标准不符一项扣 1 分(6 分)。

(4)有界沟或界埂(5 分),顺直(2 分),以抽查断面上下 100 m 范围内无断带(2 分),草皮覆盖(4 分)。

(5)界沟或界埂尺寸小于标准尺寸(2 分)。

3 护堤地(40 分)

标准:

(1)护堤地平整,无洞穴、残缺、水沟浪窝、杂物堆放、违章垦殖等现象。

(2)护堤地根据地形变化适当修筑横向隔堤,地面平整,10 m 范围内高差不大于 20 cm,并按规定植树,株行距 3 m × 2 m,树株生长旺盛,存活率不低于 90%。护堤地无侵占、无坑塘、无高秆杂草。

防浪林宽高村以上 50 m、以下 30 m,沁河下游宽 15 m。近堤侧种植乔木,外侧种植灌木,其中高村以上,乔木宽 24 m,灌木宽 26 m;高村以下,乔木宽 15 m、灌木宽 15 m;沁河下游乔木宽 9 m,灌木宽 6 m。防浪林株行距乔木 2 m × 2 m,灌木 1 m × 1 m。防浪林生长旺盛，无缺损断带，无病虫害，存活率在90%以上。

检查方法：

(1)检查点处目之所及范围内。

(2)量取检查点处10 m长和2列树木。

评分标准：

(1)有护堤地(10分)；与标准不符现象每处扣2分。

(2)地面高差超出标准扣5分(5分)。

(3)有护堤林、柳荫地(10分)，树木存活率每低5个百分点，扣1分。

(4)有防浪林(10分)，树木存活率每低5个百分点，扣1分(5分)，存活率低于90%该项不得分。

4 堤坡及堤脚(110分)

标准：

(1)堤坡应保持原设计坡度，无残缺、水沟浪窝、陡坎、天井、洞穴、陷坑、杂物，无违章垦殖及取土现象。

(2)坡面平顺，沿断面范围内，凸凹小于10 cm。

(3)堤坡草皮以葛巴草为主，重点堤段种植美化草种，草皮经常修剪，草高10 cm为宜，草皮覆盖率达98%以上，无杂草。

(4)堤脚处地面平坦，10 m长度范围内凸凹不大于10 cm，堤脚线线直弧圆，平顺规整，明显、清晰。

检查方法：

(1)平整度测量，皮尺拉直，卷尺量高差；

(2)草皮评定：随机抽取1 m^2草皮，查杂草棵数；

(3)堤坡整洁评定：检查点附近范围内；

(4)堤脚线评定：量取10 m。

评分标准：

(1)堤坡与规定不符，每处扣2分(10分)。

(2)坡面高差每超过规定1 cm扣1分(40分)。

(3)以葛巴草为主的草皮防护(20分)；新植葛巴草发芽率不足90%的不得分。

在检查范围内每棵杂草扣1分，空白处每缺一撮扣2分(30分)。

(4)堤脚线10 m范围内凸凹5 cm以上的，每差1 cm扣1分(8分)；规整(2分)。

5 前(后)戗台(40分)

标准：

(1)前(后)戗顶面平整，10 m长度范围内，高差不大于5 cm。

(2)前(后)戗外沿设边埂，顶宽0.3～0.5 m、高0.3 m，内边坡1:1，外边坡1:3。

(3)每隔100 m设隔堤，顶宽0.3 m、高0.3 m，边坡1:1。

(4)前(后)戗顶、边埂植草防护。

检查方法：

(1)平整度测量，皮尺拉直，卷尺量高差。

(2)草皮评定:随机抽取1 m^2 草皮,查杂草棵数。

(3)隔堤、边埂量取交叉处各5 m。

评分标准:

(1)顶面高差每高于标准1 cm扣1分(10分)。

(2)有边埂(5分),与标准不符一项扣1分。

(3)有隔堤(5分),与标准不符一项扣1分。

(4)以葛巴草为主的草皮防护:戗顶(6分)、边埂(2分)、隔堤 (2分); 新植葛巴草发芽率不足90%的不得分。

在检查范围内每棵杂草扣1分,空白处每缺一撮扣2分(10分)。

6　排水沟(40分)

标准:

(1)堤顶设纵向排水沟,堤坡单侧每100 m设一条横向排水沟,临、背交错布置。

(2)排水沟采用预制或现浇混凝土梯形断面,上口净宽36 cm,底净宽30 cm,净深16 cm。

(3)临、背河横向排水沟与纵向排水沟连通,末端设消力池,消力池宽60 cm、深30 cm、长50 cm。

(4)排水沟保持完好,畅通无损坏,无孔洞暗沟,沟身无蛰陷、断裂,接头无漏水、阻塞,出口无冲坑悬空,沟内无淤泥、杂物。

检查方法:纵横排水沟交接处各量取10 m。

评分标准:

(1)有纵向排水沟(5分),横向排水沟(5分),横向排水沟每缺一条扣5分(10分)。

(2)排水沟材料(5分)。尺寸不符一项扣2分(5分)。

(3)排水沟纵横连通(5分)。有消力池(5分)。尺寸不符每项扣2分。

(4)排水沟缺陷每处扣2分(10分)。

7　堤顶道路(100分)

标准:

未硬化路面:

(1)未硬化堤顶道路花鼓顶饱满平整。沿堤轴线方向每10 m长范围内高差不大于5 cm,横向坡度保持在2% ~3%;堤顶整洁,无车槽及明显凸凹、起伏,无杂物,降雨后无积水。

(2)采用小粒径(不大于2 cm)碎石铺设路面。

(3)两侧设路缘石,尺寸为(10 ~12) cm×30 cm×80 cm,路缘石顶高于路面10 ~15 cm,同工程高差不超过1 cm。

硬化路面:

(1)硬化堤顶道路参照三级公路标准,路面宽6 m,硬化路面中间高、两侧低,横向坡度为2%;堤顶整洁无杂物、雨后无积水。

(2)硬化路面中间为黄色虚线,两侧沿路缘石为白色实线,标志线顺直、线宽一致。

(3)两侧设路缘石,尺寸为(10 ~12) cm×30 cm×80 cm,路缘石顶与柏油路面平。

(4)路面无坑槽、裂缝、起伏、翻浆、脱皮、泛油、龟裂、啃边等现象。

检查方法:检查点处10 m范围内。

评分标准:

未硬化路面:

(1)路面高差每增加1 cm扣2分(15分),堤顶不整洁每处扣5分(15分)。

(2)采用小粒径米石或石屑碎石(30分);小粒径米石直径大于2 cm的每个扣2分(20分)。

(3)路缘石尺寸每差1 cm扣2分(10分);高度差1 cm扣2分(10分)。

(4)土路面最高得“第(1)、(2)项”两项总分中的30分。

硬化路面:

(1)路面高差每增加1 cm扣2分(10分),堤顶不整洁每处扣2分(5分)。

(2)黄线(5分),白线(5分),顺直(5分)。

(3)路缘石尺寸每差1 cm扣2分(10分)。

(4)路面损坏、裂缝的每处扣10分(40分),堤顶损坏面积大于30%的,本项不得分。

(5)防护礅整齐完整(15分),一个单位内防护礅样式不一致最多得10分,少一个扣2分。

(6)路缘石与排水沟之间硬化(5分)。

8　堤肩(30分)

标准:

(1)堤肩平顺规整,无明显凸凹,长度10 m内凸凹不大于5 cm。

(2)植草皮防护。

(3)堤肩线线直弧圆,10 m范围内凸凹不超过5 cm。

检查方法:

(1)平整度测量,皮尺拉直,卷尺量高差。

(2)量取1 m长堤肩。

(3)量取10 m长堤肩线。

评分标准:

(1)顶面高差小于1 cm(5分),每增加1 cm扣1分。

(2)以葛巴草为主的草皮防护或堤肩植常绿灌木的(10分);每棵杂草扣1分,空白处每缺一撮扣2分(10分)。

(3)堤肩线凸凹每超1 cm扣1分(5分)。

9　行道林(110分)

标准:

(1)行道林每侧一行,与堤肩线平行,距堤肩线宽度一致。

(2)行道林以常绿美化树种为主,达到高低错落有致,多彩搭配。同树种株距统一,胸径一致,乔木胸径不小于5 cm。

(3)存活率达到100%。

(4)行道林刷白灰,白灰顶部刷红圈。

检查方法：

(1)检查点附近5棵树。

(2)量取胸围。

(3)量取树木发杈处与地面的高度。

评分标准：

(1)每侧一行(10分)，同树种距堤肩线最大宽度与最小宽度每差2 cm扣1分(5分)。

(2)行道林整齐(10分)；乔木胸围大于30 cm的，最大与最小胸围相差2 cm以上的每差2 cm的扣1分；胸围小于30 cm，大于5 cm的，每差1 cm扣1分；胸围小于5 cm的每棵扣5分(25分)。

胸围大于30 cm的乔木发杈处高差50 cm以上的每差50 cm扣2分；小于30 cm的，每差20 cm扣2分(10分)。

灌木顶高80 cm以上的顶部高差0.2 m的扣2分；80 cm以下的，高差0.1 m扣2分(10分)。无灌木此项不得分。

(3)行道林门树每缺1棵树扣10分(20分)；乔木弯曲、灌木缺损每株扣2分(10分)。

(4)刷白灰、红圈(2分)，红圈顶齐(2分)，无毛刺(2分)，宽度一致(2分)，白灰完整，不露树皮(2分)。

10　标志标牌(60分)

标准：标志标牌包括交界牌、指示牌、标志牌、警示牌、责任牌、简介牌、纪念碑等，布局合理、尺度规范，标识清晰、醒目美观、无涂层脱落、埋设坚固、无损坏和丢失。

(1)省、市(地)、县(区)级交界牌，采用横跨堤顶的门架式结构，高度5 m，界牌面对行车方向。两行政区划的分界牌合用一个，不允许单设，本单位完成上界界牌(或以区域划分)。

乡(镇)级交界牌，采用悬臂式结构，设置在背河堤肩处，界牌面对行车方向。

(2)指示牌：在通往国道、省道，各市、县(区)、乡(镇)及有关地点(名胜古迹、大桥、浮桥)，堤防抢险道路、河道整治工程及各级河务局的路口设置指示牌。

(3)乡(镇)级交界牌及指示牌，采用悬臂式结构，设置在背河堤肩处，界牌面对行车方向，杆总长600 cm、银灰色无缝钢管，直径12～18 cm，牌长140 cm、宽100 cm、衬边宽0.6 cm，标志牌采用铝合金板厚度3～3.5 mm或合成树脂板4～5 mm；标志杆与基础采用拴接；基础为现浇混凝土，顶部100 cm为固定标牌段；标志牌双面采用蓝底白字。

(4)千米桩采用坚硬石材或预制钢筋混凝土标准构件，尺寸为高80 cm，宽30 cm，厚15 cm，埋深40 cm，两面标注千米数。千米桩埋设在背河堤肩，垂直堤防轴线。

(5)百米桩尺寸为高50 cm，宽15 cm，厚15 cm，埋深30 cm。四面标注百米数。材料同千米桩。

检查方法：

(1)查看检查点处一个里程桩、百米桩。

(2)水管单位交界处。

(3)全堤线。

评分标准:

(1)有分界标志(10分),整齐美观(5分)。

(2)里程桩、百米桩整齐、美观(10分)。里程桩、百米桩每缺1个扣2分;里程桩规格每差1 cm扣2分;百米桩规格每差1 cm扣2分;里程桩两面标注千米数,百米桩四面标注百米数,每缺一面标注扣2分;埋设不合理每处扣1分(15分)。

(3)交通标志每缺一个扣1分(5分)。

(4)其他标语、标志标牌,不符合工程管理设计规定的每处扣5分(15分)。

11　淤区顶面(100分)

标准:淤背(临)区顶部设边埂、隔堤、排水沟,顶部平整,相邻两隔格堤范围内,顶部高差不大于30 cm,无高秆草,无杂物堆放。

(1)围堤标准为顶宽2 m,高0.5 m,外坡1:3,内坡1:1.5;每100 m设一条横向隔堤,隔堤标准为顶宽1 m,高0.5 m,边坡1:1;隔、围堤植草防护,顶平坡顺。

(2)淤区顶部设置纵向排水沟,同堤坡横向排水沟相连,堤顶、堤坡、淤区(前后戗)排水沟应纵横相连,集中排放到排水渠系内,形成完整的排水系统。

(3)淤区种植以大叶女贞、栾树、火棘球、国槐、白蜡、法桐、香花槐、百日红、红叶李、雪松、蜀桧等为主。淤区内土地利用率达到95%,植树以垂直堤防方向为基线进行布局,株行距3 m×4 m,胸径不小于2 cm,树株生长旺盛,病虫害防治及时,存活率不低于90%。

检查方法:

(1)平整度测量,皮尺拉直,卷尺量高差。

(2)量取10 m长边埂。

(3)查两行树。

评分标准:

(1)顶面高差不大于30 cm,每超1 cm扣1分(10分)。

(2)围堤(5分),隔堤(5分)。尺寸不符每一项2分(10分),草皮覆盖不足50%扣2分(5分)。

(3)树木整齐(45分),树木成活率每低于90%1个百分点,扣2分,存活率低于90%该项不得分。

(4)淤区乱堆乱放,水沟浪窝、洞穴、林间种农作物等现象,每处扣5分(10分)。

(5)淤区顶有纵向排水沟(5分),与堤坡、淤区边坡排水沟相连(5分)。

12　淤区边坡(90分)

标准:

(1)淤区边坡应保持竣工验收时的坡度,坡面平顺,沿断面范围内,凸凹小于10 cm。

(2)淤区边坡无残缺、水沟浪窝、陡坎、洞穴、陷坑、杂草杂物,无违章垦殖及取土现象,堤脚线清晰。

(3)坡面植树、植草防护,树株株行距3 m×4 m;靠近城镇的重点堤段,淤区边坡应进行绿化美化。

(4)淤区坡设横向排水沟每100 m一条,排水沟上口净宽36 cm、底净宽30 cm、深

16 cm；在坡脚处护堤地内设消力池，消力池宽60 cm、深30 cm、长50 cm。

检查方法：

(1)平整度测量，皮尺拉直，卷尺量高差。

(2)树木评定：抽取两行树。

(3)堤坡整洁评定：检查点附近范围内。

评分标准：

(1)坡面高差小于20 cm，每增加1 cm扣1分(20分)。

(2)堤坡不整洁，有水沟浪窝、杂物、违章垦殖等每处扣5分(10分)。

(3)以植树、植草为主的坡面防护(20分)；树木成活率每低于90%2个百分点，扣1分(20分)，成活率低于60%该项不得分。

(4)有排水沟(5分)、消力池(5分)，尺寸不符合标准每处扣2分(5分)，有缺陷每处扣2分(5分)。

13　上堤辅道、限载设施(80分)

标准：上堤辅道与堤坡交线顺直、整齐、分明。辅道自堤肩线外1 m处起坡，上淤区辅道自淤区顶外延1 m处起坡，辅道坡度不陡于8%，路面两侧草皮防护带宽不小于0.3 m，并种植胸径大于5 cm的树木，两侧边坡为1:2，坡面植草防护。主要辅道路面逐步进行硬化处理。

辅道口两侧各设置5根警示桩，按喇叭口型对称布设，每侧堤防上布置2根、转弯处1根、坡面直线段2根，桩距2 m，警示桩尺寸为0.2 m×0.2 m×1.5 m，埋深0.5 m。外露部分刷漆，从顶部白红相间，每色宽10 cm。

上堤辅道应保持完整、平顺，无沟坎、凹陷、残缺，无蚕食堤身、淤区现象，确保堤身完整。

主要交通路口两侧的堤顶道路，设置超限车辆禁行设施，控制超限车辆通行。堤顶禁行设施为钢筋混凝土结构，内侧镶嵌钢构件，有效防止牵拉碰撞破坏，刷红白相间反光条和警示标志。堤顶禁行设施应能够吊装移位，满足防汛抢险通行要求。

检查方法：选择检查点附近一条路口。

评分标准：

(1)上堤辅道蚕食堤顶的每处扣10分(20分)，上堤路口路坡不平顺、有杂物每处扣5分(10分)。

(2)警示桩每少一个扣1分(5分)，位置、尺寸、漆条不符一处扣1分(10分)。

(3)辅道两侧树木缺失一棵扣3分(15分)。

(4)限载设施完整，开口2.2 m(10分)，美观(5分)，有警示标志或标语(5分)。

14　工程观测与探测(30分)

标准：

(一)工程观测：工程主要观测项目包括堤身沉降、渗流、水位等观测。

(1)堤身沉降量观测，可利用沿堤顶埋设的里程桩或专门埋设的固定测量标点定期或不定期进行观测。

每一代表性堤段的位移观测断面应不少于3个，每个观测断面的位移观测点不宜少于4个。

(2)渗流观测断面,应布置在有显著地形地质弱点,堤基透水性大、渗径短,对控制渗流变化有代表性的堤段,每一代表性堤段布置的观测断面应不少于3个。观测断面间距一般为300~500 m。如地形地质条件无异常变化,断面间距可适当扩大。

(3)在堤防工程沿线,根据河道特点和防洪需要选择适当地点和工程部位进行水位观测。

(4)根据观测需要,配置水准仪、经纬仪、红外线测距仪等观测仪器。

(二)堤防隐患探测要有规划、有计划进行,每10年须对全部堤防探测一次。探测结束后,提交堤防隐患探测分析报告,包括隐患性质、数量、大小、分布等技术指标。

测线布置:堤防隐患探测,应从上界桩号自上而下顺堤布设测线。测线间距一般采用3~4 m,险工和薄弱堤段不少于3条;点距2 m为宜。堤防隐患详查时,测线布置要与隐患走向垂直,应适当加密测线。

检查方法:查看运行观测科记录。

评分标准:

(1)各项观测记录完整,每项5分(15分)。

(2)观测仪器齐全,缺一项扣2分(10分)。

(3)各项探测有明确规划(5分)。

15　庭院管护和职工生活(30分)

标准:

(1)按照庭院建设总体规划,各类建筑物及附属设施布局合理,层次分明,庭院绿化协调美观,三面透绿,达到四季常青、三季有花。满足一线职工日常生产、生活需要。

(2)各类建筑物亮丽美观,无损坏;树木、草坪生长旺盛,修剪整齐;院落整洁,无垃圾、杂物堆放。

(3)管理制度健全并在适宜位置明示,责任区划分明确,各项制度落实到位。

检查方法:查看管护班。

评分标准:

(1)布局合理(4分),造型美观(4分),三面透绿(2分)。

(2)庭院绿化、整洁、完整(15分)。

(3)制度健全,责任明确(5分)。

16　内业资料(50分)

标准:合同管理规范,内业资料严格按照有关规定记录,按时开展检查评比。

检查方法:查看内业资料。

评分标准:

(1)合同管理(15分),未按合同管理不得分,合同管理不规范每处扣2分,未签订1+x合同的此项不得分。

(2)未按照河南局颁发的《河南黄河水利工程维修养护实用手册》运行,每项扣2分(15分)。

(3)日常检查评比记录(15分),未进行日常管理检查的不得分,日常检查评比记录不全、不规范的每缺一处扣2分。

(4)有年终工程管理总结(5分)。

17　办公规范化(35分)

标准:查看水管单位工管科应配备办公设施如下:计算机1台/人,笔记本电脑2~3台,数码摄像机1部,数码照相机2部,传真机2台,资料柜1组/人,办公室面积人均8 m^2,空调1台/间。

检查方法:查看水管单位工管科办公室。

评分标准:设施齐全、完好,缺一项扣5分(35分)。

第二篇　豫西黄河经济

随着经济社会的深入发展,以黄河为依托,开发黄河、利用黄河、美化黄河,促进人与自然和谐相处,维持黄河健康生命的步伐越来越快。黄河经济的发展,不仅能促进水利经济和流域经济发展,还关系到我国现代化建设发展宏伟蓝图的实现。如今,在豫西这片希望的田野上,镶嵌在黄河岸边的三门峡、洛阳、济源三颗明珠交相辉映,有得天独厚的黄河水资源,有蓬勃发展的水力发电事业,有丰富的砂石资源,更有黄河岸边土地开发带来的惊喜。飞速发展的豫西黄河经济让人们赞叹不已。

第八章　区域经济

第一节　洛阳社会经济概况

“千年帝都、牡丹花城”——洛阳雄踞于黄河右岸,北屏邙山,南系洛水,四周群山环抱,中为洛阳平原,伊、洛、瀍、涧四水流贯其间,既形势险要,又风光绮丽,土壤肥沃,气候适中,东距省会郑州 124 km,西距古都西安 385 km。介于北纬 33°30′ ~ 35°40′、东经 111°10′ ~ 113°之间。南北最大纵距 168 km,东西最大横距 170 km,是可考证的中国最古老的都城,中国八大古都之一,建城已有 4 000 余年。现辖偃师市、孟津县、新安县、伊川县、宜阳县、嵩县、洛宁县、栾川县、汝阳县、涧西区、西工区、老城区、瀍河区、洛龙区、吉利区等 1 市 8 县 6 区。2008 年末总人口 654. 4 万。洛阳是个多民族聚居的地方。全市共有 46 个民族,其中汉族人口约占全市总人口的 98. 8% , 其他少数民族约占全市总人口的 1. 2% ,其中超过 1 000 人的民族有回族、满族和蒙古族。少数民族以回族为主,近 6 万人,占少数民族人口的 80% 以上。

洛阳市地处河南西部,跨黄河、淮河、长江三大流域,总面积 15 208 km^2,其中黄河流域 12 446. 1 km^2,占总面积的 81. 8% ;淮河流域 2 091. 8 km^2,占总面积的 13. 8% ;长江流域 670. 1 km^2,占总面积的 4. 4% 。境内共有大小河流7 500条,其中流域面积在 100 km^2 以上的有 39 条,较大河流有黄河、洛河、伊洛、汝河、涧河。全市水资源总量 28 亿 m^3,人均占有量 450 m^3 左右,为全国人均的 1/5。

中国古代在华北平原区将黄河中下游以崤山、函谷关为界分为关东(或称山东)、关西(或称关中、山西)两大区。关东区的主体部分是黄河下游的华北平原。其西端伊、洛、河、济四水之交的,相当今洛阳为中心的大河南北地区,亦即历史上所谓三河(河南、河内、河东)地区,是中国黄河流域农业文明的起源地。

水利是农业和国民经济的命脉，在比较干旱的洛阳地区，人们对此体会是最深刻的。在古代，我们的祖先就重视兴修水利，东汉建武五年（公元29年），王梁为河南尹，穿渠引谷水于洛阳城下。在王城东筑千金碣，以控制水流。东汉建武二十四年（公元48年）穿阳渠，引洛水为漕，鸿沟水系通航。从此，洛阳南通江淮，东达齐鲁。魏太和五年（公元231年），命都水使者陈协，重修千金碣，并在洛、谷二水内修五龙渠。新中国成立后，人民政府十分重视水利建设，灌溉事业发展迅速，陆浑、洛南、中州渠、伊东渠、卫星渠、宜洛渠、黄河渠等灌区大中型灌溉工程促进了洛阳的农业发展和社会进步。

洛阳境内矿产丰富。现已探明的有钼、铝、钨、煤、硫、耐火黏土、硅石、水泥灰岩、花岗石、水晶等55种。其中钼储量达200多万t，居全国之首，是世界三大钼矿之一。铝土矿储量达1亿多t，居全省之冠。金矿在洛宁、嵩县、栾川等县均有分布，已探明储量92 t。煤的储量达15亿t。

丰富的矿产资源为洛阳能源、冶金、建材、化工的发展奠定了良好的物质基础。经过40多年的建设，洛阳已打下了较好的工业基础。第一个“五年计划”期间，国家156项重点骨干工程中有7项安排在这里。大规模的经济建设，使洛阳重新崛起，成为新兴的工业基地。目前，有工业门类36个，独立核算的工业企业5 050家，已形成机械电子、冶金、建材、石油化工、轻纺、食品等六大支柱产业。

洛阳是国务院批准的对外开放城市和实力雄厚的新兴工业城市，拥有第一拖拉机工程机械公司、中信重型机械公司、洛阳轴承集团公司、洛阳铜加工厂、中国洛阳浮法玻璃集团公司、洛阳石化总厂等一批在国际、国内市场具有较强竞争力的大型企业和企业集团。

洛阳有较为集中的科研院所，具有较强的高科技开发力量。全市拥有国家、部属科研机构14个，省、市属科技机构77个。全市各类科技人员12万余人，每万名职工中有科技人员1 488名，人才密度高于全国全省平均水平。多数科研院所的测试和科研水平居全国领先地位。在新材料、航空航天、电子与信息、机电一体化等高科技领域,不断推出新项目和新产品,每年可推出科技成果300多项,其中高科技成果占1/3以上。

洛阳交通便利,基础设施日臻完备。洛阳素有"十省通衢"之誉。远在西周初期,中国建立的世界上第一个大道路网,就以洛阳为其中心。洛阳水路交通历史悠久,漕运极为发达。秦汉时代,洛河"水上交通,十分繁忙","大船万艘,转漕相过","航运贸易遍于三江五湖"。东汉时,城东太仓附近的码头,是当时全国大型的内河航运港口之一。贯穿全国南北的隋唐大运河,以洛阳为中心,南达余杭,北至燕京,全长约2 000 km,沟通海河、黄河、淮河、长江、钱塘江五大水系。武则天大足元年(公元701年)。在洛阳营建新潭,"天下舟船所集,常万余艘,填满河路,商旅贸易,车马填塞",是当时全国最大的内河港埠。洛阳"槽船往来,千里不绝",至北宋初年,洛河漕运仍很发达,是京西、陕西、河东向汴京运送物资的交通枢纽。目前,洛阳仍然是我国中部地区重要的交通枢纽,陇海、焦枝、洛宜三条铁路交会于此,客货运输能力较强,仓储设施良好。第二条亚欧大陆桥的贯通,将使洛阳承东启西的优势得以充分发挥。洛阳境内公路交织成网,310、207两条国道从该市穿过,通往郑州、开封、三门峡的高速公路全线贯通。洛阳民用机场是国内净空条件最好的二级机场,设施完善,可供大型飞机全天候起降,已辟有洛阳至北京、广州、大连、福州、乌鲁木齐、西安、重庆等城市的10余条航线。

第二节 三门峡社会经济概况

"黄河明珠,天鹅之城"——三门峡市位于河南省西部,河南、山西、陕西三省交界处,东连洛阳,南接南阳,西与陕西接壤,北隔黄河与山西相望,是伴随着黄河第一坝——三门峡水利枢纽的建设而崛起的一座新兴城市。相传大禹治水,用神斧将高山劈成人门、神门、鬼门三道峡谷,河道中由鬼石和神石将河道分成三流,如同有三座门,三门峡由此得名。经过几代建设者的艰苦奋斗,三门峡已经成为豫晋陕三省交界处的经济、流通、文化中心,被誉为镶嵌在黄河岸边一颗璀璨的明珠。

三门峡市现辖义马市、灵宝市、陕县、渑池县、卢氏县、湖滨区2市3县1区,总面积10 496 km^2,总人口213万,其中市区人口23.5万,是历史上三省交界的经济、文化中心。

三门峡市地处中纬度内陆区,属暖温带大陆性季风气候。由于地貌特征复杂,形成了具有暖温带、温带和寒温带的多元气候。全市有林地面积29.3万 hm^2,森林覆盖率达40.6%。生态环境良好,境内有亚武山国家级森林公园、甘山国家级森林公园、河南黄河湿地国家级自然保护区、玉皇山国家级森林公园、卢氏大鲵自然保护区等生态环境保护区,总面积达326.2 km^2。每年冬季成千上万只白天鹅从遥远的西伯利亚飞到这里栖息越冬,洁白美丽的白天鹅、碧波荡漾的黄河水、深沉厚重的黄土高坡交相辉映,形成一道靓丽独特的风景线。

三门峡境内共有大小河流3 000多条,分属黄河、长江两大水系。其中属黄河流域水系29条;流域面积1 000 km^2 以上河道3条,即黄河、洛河、宏农涧河。全市多年平均水资源总量29亿 m^3(不含黄河入境水),黄河干流年均过境水量420亿 m^3,三门峡水库容量达96亿 m^3,年调蓄量18亿~20亿 m^3,不仅为经济建设提供理想水源,同时也补充、丰富着两岸地下水。

三门峡市交通发达，陇海铁路、连霍高速公路横贯东西，310、209国道在境内纵横交会，正在建设中的郑（州）西（安）高速铁路客运专线穿越全境，三门峡黄河公路大桥和运三高速公路连接豫晋两省，黄河水运直达潼关，成为豫晋陕三省交界处的交通枢纽。

三门峡市矿产资源极为丰富。已发现矿藏66种，大型矿床12处，中型矿床31处。其中探明储量的50种，已载入国家储量平衡表的33种，潜在经济价值达2 700亿元；保有储量居全省前三位的有31种。已探明有开采价值的34种，已开发利用的27种，其中黄（黄金）、白（铝矾土）、黑（煤炭）是三大优势矿产资源。黄金储量、产量均居全国第二位，铝土矿、煤、锌、锑、硫铁矿、玻璃石英砂岩、铸型用砂、砷等17种矿藏为全省之冠；钼、铀、铅、银、磷、压电水晶、熔炼水晶、石墨等9种矿藏居全省第二位。这些矿藏不仅储量大、品位高、质量好，而且分布相对集中，覆盖浅、易开采，共生、伴生矿多，益于综合开发利用，是河南省乃至全国重要的贵金属和能源开发基地。

丰富的矿产资源为三门峡的经济发展奠定了基础，自1986年升级为地级市以来，三门峡市的经济和社会发展取得了令人瞩目的成就，综合经济实力明显增强。特别是"十五"期间，全市生产总值年均增长11%，"十五"末人均突破15 000元；地方财政一般预算收入年均增长15.7%。农产品卢氏连翘、木耳、鸡，灵宝苹果、大枣、杜仲等均获得国家地理标志保护产品。三门峡牌烟叶闻名全国，全年收购烟叶2 890万kg，烟农总收入2.73亿元，实现烟叶税收6 003万元。中国大唐、英国开曼、东方希望等一批国内外知名企业落户三门峡，湖滨果汁、天元铝业和灵宝黄金股份公司在境外成功上市。

2007年，全市新批外商投资企业10家，合同利用外资达到29 589万美元；利用外商直接投资18 706万美元，出口创汇完成1.77亿美元。

在城市建设方面，坚持发挥山水优势，营造最宜人居住的环境，着力完善城市现代旅游功能，被联合国开发计划署列为"二十一世纪城市规划、管理与发展"援助城市。目前，陕州大道建成通车，涧河治理实现全线蓄水，三门峡广场、湖滨广场建成开放，城市集中供热一期完成，集中供气、城市饮水工程全面启动，天鹅湖、涧河公园等景区（点）初具规模，市、县污水处理厂全部投入使用，城市基础设施进一步完善。相继获得"中国优秀旅游城市"、"中国特色魅力城市"、"全国水土保持生态环境建设示范城市"称号。

第三节 济源社会经济概况

“愚公故里,济水之源”——济源位于河南省西北部,北依太行、王屋二山,南临黄河,西与山西相邻,东接华北平原。面积1 931 km,辖11个镇、5个街道办事处、50个居委会、484个村委会,人口68万。隋开皇十六年(公元596年)设县,1988年撤县建市,1997年升为省辖市,2003年被列入河南省“中原城市群”,2005年被列为河南省城乡一体化试点城市。

济源是一座朝气蓬勃的工业化城市。自然资源丰富,已探明的矿藏有40余种,煤、铁、铜、铝、磷、铝矾土、石英石、大理石、石灰石等储量可观。动植物资源3 200多种,药材1 180多种,其中属国家保护的珍稀动植物逾百种。水资源充沛,地下水每年可开采量达10亿 m^3。富足的资源和能源为济源工业发展奠定了雄厚的基础,成就五大支柱产业。截至2008年,全市规模以上工业企业233家,主营业务收入超亿元企业达74家,其中豫光、济钢超100亿元,7家企业进入河南省百强企业。豫光首次进入中国企业500强,全市铅锌生产能力跃居全国第一。2008年,全市生产总值达288.3亿元,增长14.8%。

济源是一座独具魅力的山水城市。大山大河交相辉映,风光旖旎。国家重点工程黄河小浪底水利枢纽工程库区水域面积达272 km^2,烟波浩渺,壮丽秀美,2006年被评为“中国最具吸引力的地方”;王屋山系道教名山,是中国古代九大名山之一,被列为道教十大洞天之首,“号称天下第一洞天”,宫观庙宇星罗棋布,历史文化源远流长,自然景观雄伟壮丽,2005年被评为国家AAAA级景区,2006年晋级世界地质公园;五龙口群峰巍峨,沟壑幽深,猕猴顽皮,是国家AAAA级风景名胜区;九里沟山水逶迤相伴,危崖悬瀑,如诗如画,因茶仙卢仝在此著《茶谱》、吟《七碗茶歌》而名扬天下;济渎庙集唐宋元明清历代建筑之精华,被誉为“中国建筑博物馆”。历代帝王将相、文人墨客在济源流连驻足,挥毫泼墨,白居易盛赞“济源山水好”,清乾隆皇帝称誉“名山胜迹”。境内文物古迹众多,国家级文物保护单位3处,省级12处。悠久的历史文化,绮丽的自然风光,使济源成为当之无愧的“中国优秀旅游城市”。

济源是一座与时俱进的开放城市。济源具有良好的区位优势和交通优势。焦枝铁路横贯南北，电气化复线已建成营运，侯月铁路在济源境内与焦枝铁路接轨，使济源成为南北、东西两大铁路干线的“丁”字通道。公路运输四通八达，207 国道北抵山西晋城，南接郑洛高速公路及 310 国道；新济公路东起新乡连结 107 国道，西达山西垣曲。形成了以市区为中心，以干线公路为骨架，以乡村道路为基础，以工业区、旅游区、沁北电厂、小浪底水利枢纽工程道路为重点的四面辐射、纵横交错的公路网。规划到 2010 年，高速公路完成与省会郑州及周边地市联通，济洛、济焦、晋济高速公路全面贯通；国、省干线公路全部达到二级标准，主要进出口及旅游路高标准绿化、美化；重要市道达到二级公路标准，所有行政村全部通柏油路。按照铁路运输专业化分工的要求，加快铁路发展，实现客货分流，优化路网结构，完成济钢、豫光、豫港三条铁路专用线建设。

第九章　流域经济

第一节　供　水

豫西所辖黄沁河段经黄委审批并发放取水许可证的取水口有21处，年批准取水量为6.63亿m^3，年均实际取水量为3.76亿m^3；为5万多hm^2农作物及200余万人生产生活用水提供重要保障，年均供水经济收入500余万元。

一、豫西黄(沁)河水资源开发利用情况

(一)黄河水资源利用情况

豫西辖区黄河河段经由黄委审批并发放取水许可证的取水口有15处，取用地表水的8处，取用地下水的7处，年批准取水总量为14 405万m^3，其中农业用水3 100万m^3，非农业用水9 130万m^3，地下水2 175万m^3(见表9-1)。

小浪底南岸取水口2002年被黄委批准年取水总量为42 300万m^3，因配套工程未及时修建，2007年未换发新的取水许可证。

表9-1　豫西黄河河段各取水口门基本情况

序号	取水工程名称	水源名称	取水单位名称	批准年取水量(万m^3)
1	小浪底建管局取水井群	黄河滩地下水	小浪底建管局	100
2	马住提灌站	黄河	坡头镇马住村村委会	10
3	留庄提灌站	黄河	坡头镇留庄村村委会	10
4	坡头提灌站	黄河	坡头镇坡头村村委会	10
5	白坡沙峰地下水源地取水井群	黄河滩地下水	中石化股份有限公司洛阳分公司	510
6	洛阳石化总厂宏达实业总公司机井	黄河滩地下水	洛阳石化总厂宏达实业总公司	5
7	吉利区自来水公司黄河滩区林场取水井群	黄河滩地下水	吉利区自来水有限责任公司	720
8	槐扒提水工程	黄河	三门峡市槐扒黄河提水工程建设管理局	3 500
9	新安提水工程	黄河	新安提黄工程总公司	3 500
10	西霞院南岸取水工程	黄河	孟津县黄河渠道管理所	1 300
11	白坡提黄工程	黄河	河南黄河河务局供水局	1 500
12	第三水厂一级站	黄河	河南省三门峡市自来水公司	2 400

续表 9-1

序号	取水工程名称	水源名称	取水单位名称	批准年取水量（万 m^3）
13	陕县热电厂取水井群	黄河滩地下水	慧能热电厂（原陕县热电厂）	360
14	亚能电厂取水井群	黄河滩地下水	河南亚能天元电力有限公司	360
15	三门峡大坝 373 号井	黄河滩地下水	三门峡黄河明珠（集团）有限公司水力发电厂	120

（二）沁河水资源利用情况

豫西辖区沁河引水工程有 6 处，其中地表取水工程 5 处，地下取水工程 1 处，批准年取水总量为 51 975 万 m^3，其中农业用水 46 350 万 m^3、非农业用水 4 460 万 m^3、地下水 1 165万 m^3（见表 9-2）。年均实际用水量 18 200 万 m^3。

表 9-2　豫西沁河河段各取水口门基本情况

序号	取水工程名称	水源名称	取水单位名称	批准年取水量（万 m^3）
1	焦作市引沁灌区	沁河	焦作市引沁灌区管理局	38 000
2	新利进水闸	沁河	焦作市广利灌区管理局	1 000
3	广利干渠	沁河	焦作市广利灌区管理局	11 000
4	沙后提灌站	沁河	梨林镇沙后村村委会	10
5	广惠进水闸	沁河	焦作市广利灌区管理局	800
6	华能沁北电厂地下取水工程	沁河滩地下水	河南华能沁北发电有限责任公司	1 165

二、取水工程

（一）三门峡第三水厂取水泵站

三门峡市第三水厂是 1993 年三门峡市政府投资兴建以黄河水为水源的地表水厂，1995 年投入运行。取水口位于三门峡平陆黄河桥下游 100 m，批准年取水总量 2 400 万 m^3。2008 年 9 月停止取水。

（二）三门峡惠能电力（集团）有限公司地下取水井群

三门峡惠能电力（集团）有限公司（原陕县热电厂）始建于 1996 年，位于三门峡市陕县新县城北的黄河之滨，以发电公司为核心组建，下属陕县热电厂（2×5.5 万 kW 热电联产）、新鑫石墨电极有限公司（年产 1 万 t 石墨电极和 2 118 t 石墨粉）、燃料公司（年购进原煤 40 万 t）、热力公司（年供热 130 万 GJ）、物业公司五个子公司。企业总资产 7.33 亿元，年总实现销售收入为 2.51 亿元，年实现利税 5 000 万元。公司取水井群批准年取水总量 360 万 m^3。

（三）河南亚能天元电力有限公司地下取水井群

河南亚能天元电力有限公司总投资 6.5 亿元，装机容量 2×50 MW，年发电量 6亿 kWh，1996 年 12 月破土动工，1997 年 9 月与香港亚能电力集团正式签订合资合同，一号机组于 1998 年 8 月并网发电。因国家能源法出台规定关闭小型发电机组，2008 年曾多次停产,2009 年一直停产未运行。取水井群位于三门峡市湖滨区,批准年取水总量 360 万 m^3。

(四)三门峡黄河明珠(集团)有限公司水力发电厂 373 号井

三门峡水利枢纽发电站设计装机容量 116 万 kW,多年平均年发电量 60 亿 kWh。工程于 1957 年动工兴建,按正常蓄水位 350 m 施工,相应初始总库容 354 亿 m^3。1960 年水库蓄水,1962 年第一台机组试发电。水库蓄水后,由于泥沙淤积,至今已进行了三次大的改建,改建后水库运用最高水位为 340 m。目前水电站装机容量达到 40 万 kW,多年平均年发电量达到 13.17 亿 kWh。

373 号井位于三门峡大坝管理区,主要供给电厂人员生活用水,批准年取水总量 120 万 m^3。

(五)三门峡槐扒提水工程

工程位于黄河右岸三门峡市渑池县、义马市境内,由三门峡市水利设计院设计,河南省第六建筑工程公司施工,三门峡市槐扒提水工程建管局管理。本工程取水口位于渑池县槐扒西坡村附近黄河干流的鱼嘴处,上游距三门峡水库 23 km,下游距小浪底水库 108 km,处于小浪底水库回水区,总设计流量 7 m^3/s,分期实施。一期提黄流量 3 m^3/s,黄委以取水(国黄)字〔2005〕年第 51008 号批准其年取水总量 3 500 万 m^3,提水扬程 359 m,输水渠管埋线长 31.17 km。该工程于 1997 年开始施工,2009 年工程已完工,正在试运行。

本工程是一项综合性供水工程,建成后可以从根本上改变渑池县、义马市的严重缺水状况,解决 27 万人生活用水、2.2 万头牲畜的饮水问题,满足 1 300 多 hm^2 农田灌溉用水需求,为义马煤气厂和坑口电厂以及渑池、义马两县市地方工业提供可靠的水源保证。

(六)新安提黄工程

工程由洛阳水利勘测设计院和中国水利水电第十一工程局勘测设计院 1998 年设计,河南省第六建筑工程公司施工,管理单位为新安提黄工程总公司。工程渠首泵站位于黄河干流一级支流畛河右岸拳掌沟附近。渠首泵站距黄河干流 15 km,畛河口距小浪底水库坝址距离约为 17.2 km,工程分两期实施:一期工程设计流量 2.6 m^3/s,年供水量 3 500 万 m^3,新增灌溉面积 4 807 hm^2。二期工程设计流量 3.41 m^3/s,年取水总量 4 558 万 m^3,总投资约 1.3 亿元,计划灌溉面积 6 166 hm^2。工程建成后,可控制涧河以北、畛河以南的邙山丘陵区所涉及的 6 个乡镇 88 个行政村,新增灌溉面积 1.097 万 hm^2,将有效缓解 20 余万人的吃水困难,改善农村生产生活条件。2005 年黄委以取水(国黄)字〔2005〕第 51009 号批准一期工程年取水总量为 3 500 万 m^3。新安提黄二期工程已通过河南省发改委批准,将于近期开工建设。

(七)小浪底南岸引水工程

工程位于洛阳孟津县境内,是解决洛阳市农业及城市生活用水的大型引水工程,由小浪底南岸引水口工程建设管理局管理,黄河勘测规划设计有限公司设计,设计引水流量 28.6 m^3/s,其中灌溉流量 19.6 m^3/s,城市供水 9 m^3/s。年均引水量 4.23 亿 m^3,其中灌溉设计水量 1.39 亿 m^3,城市供水 2.84 亿 m^3,控制灌溉面积 3.53 万 hm^2。取水口门于 1998 年 8 月开始施工,主体工程已完工,黄委以取水(国黄)字〔2002〕年第 51002 号批准年取水总量 4.23 亿 m^3。工程建成后,基本解决灌区"十年九旱"、农业产量低而不稳、5 万余人口及万余牲畜的饮水困难问题,同时可缓解洛阳市生产、生活和环境用水的供需矛盾,促进当地经济和社会发展。

孟西灌区是该引水工程的配套工程,总投资 1.03 亿元,设计引水流量 2.9 m^3/s,设计灌溉面积 6 440 hm^2(其中新发展 5 173 hm^2),每年向孟津县城供水 1230 万 m^3。孟西灌区一期工程自渠首至九泉水库,工程包括总干渠 8 000 m、中泵站 1 座、渡槽 5 座、隧洞 7 座、暗渠 2 处、节制退水闸 3 座、桥涵 2 处、交通桥 1 座、九泉水库扩建等。预计 2009 年底完工。

引黄入洛工程也是该引水工程的配套工程,总估算投资 1.96 亿元,预计 2011 年完工。黄河水从小浪底南岸引水工程自流而出,向南经过穿越邙山的 20 km 隧洞,送至洛阳市西工区红山乡的涧河支流——金水河水库,然后一路通过水库流至涧河,由涧河流入洛河、中州渠;另一路经邙山渠流入瀍河,使得黄河水从北部入市区,盘活了整个洛河以北城区的水系。

(八)西霞院南岸取水工程

工程从西霞院大坝取水，经孟津黄河渠进入灌区，并利用尾水发电。孟津黄河渠灌区工程长 35 km，有建筑物 75 座，支渠 29 条、长 42 km，设计流量 25 m^3/s，设计灌溉面积 9 833 hm^2，有效灌溉面积 4 000 hm^2，批准年取水总量 1 300 万 m^3。

(九)孟津华阳电厂取水工程

孟津华阳电厂是由"台塑集团"投资兴建的一座大型火力发电厂,位于孟津县白鹤镇,一期建设装机 2×60 万 kW,总投资约 52 亿元,年用水量约 2 400 万 t,第一台机组计划将于 2009 年底建成,2010 年 4 月并网发电。

洛阳市公用事业局下属的水务集团负责承建该电厂的取水工程设施，计划从孟津黄河渠提水，在白鹤镇修建净化处理厂，为该电厂提供生产用水，年用水量约 2 400 万 m^3。

（十）白坡提黄工程

工程位于洛阳市吉利区白坡控导工程堵串坝与1坝之间，年取水总量1 500万 m^3，主要为中石化洛阳分公司提供生产用水。由河南黄河河务局供水局投资建设，吉利河务局负责管理。工程于2003年10月开工，2007年通过黄委竣工验收，以取水国字〔2007〕年第51001号批准年取水总量为1 500万 m^3。

（十一）焦作市引沁灌区

引沁灌区位于河南省济源市北部山区，属大型三类灌区，南北最长 44 km，东西最宽 33 km，总面积535 km^2，大部分属蟒河（黄河支流）流域。灌溉范围包括济源市、孟县和洛阳市吉利区的15个乡镇、355个行政村、41.6万人，有耕地 3.8 万 hm^2，主要粮食作物有冬小麦、夏玉米，主要经济作物有棉花、瓜菜、烟叶、苹果等。

引沁灌区设计灌溉面积为 2.67 万 hm^2，其中济源 1.48 万 hm^2，占 55.4%；孟州（原孟县）0.99 万 hm^2，占 37.1%；洛阳吉利区 0.2 万 hm^2，占 7.5%。但实际灌溉面积为 1.73 万 hm^2，其中济源 1.04 万 hm^2，占 60%；孟州 5 200 hm^2，占 30%；洛阳吉利区 1 733 hm^2，占 10%。

取水地点在济源市紫柏滩，建于1972年，济源县水利局、孟县水利局共同设计并组织施工，引水方式为导流入渠。由焦作市引沁管理局管理。设计引水流量 30 m^3/s，正常流量 13 m^3/s，加大流量 15 m^3/s，年批准取水总量 38 000 万 m^3。

（十二）焦作市广利灌区

焦作市广利灌区包括新利进水闸、广利干渠、广惠进水闸。

广利灌区为历史老灌区，灌区大部分分布于沁蟒河之间，小部分在沁河以北，主要包括沁阳南部大部分土地和济源、温县、孟州、武陟四县（市）的部分土地。旧有广济、利丰、永利、广惠、大小利河及甘霖等渠。1959年重建原利丰渠渠首闸，开总干渠，自五龙口西南起，沿永利、利丰两渠间，至新庄东南合永利旧渠，至苗店东折而向东，袭猪龙河至柏香，入济河，东至七里屯东，自济河分出，东南至沁（阳）、温（县）公路复入济河，至温县新村又入济河，经武德镇至武陟赵庄与蟒河汇流。总长 64 km，设计流量 17.5 m^3/s，设计灌溉面积 2.3 万 hm^2，由于沁河水量的减少，加之引沁济蟒灌区的开发，现有效灌溉面积为 5 666 hm^2。

广利灌区共有3个取水工程，由济源县水利站设计并组织施工，焦作市广利灌区管

理局管理，渠首取水地点在五龙口上游300 m处，设计引水流量15 m^3/s，正常流量13 m^3/s，设计高程139.119 m，灌溉面积0.67 hm^2，年批准取水总量11 000万 m^3；广惠进水闸取水地点在五龙口上游2.2 km左岸，设计流量2 m^3/s，正常流量1.1 m^3/s，设计高程148 m，灌溉面积533 hm^2，年批准取水总量800万 m^3；新利进水闸取水地点在五龙口上游5.2 km右岸，设计流量2.5 m^3/s，正常流量1.7 m^3/s，设计高程149.8 m，灌溉面积800 hm^2，年批准取水总量1 000万 m^3。

（十三）华能沁北电厂地下取水工程

工程位于五龙口下游西窑头至留村的沁河左岸滩区，共有12眼水井，由西北电力设计院、河南电力勘测设计院共同设计，设计流量为0.196 m^3/s。工程于1991年由河南省水利厅批准同意建设，后随沁北电厂停建而停工。1998年，沁北电厂重建，黄委以"取水（国黄豫）字〔1998〕第34002号批准年取水量为2 462万 m^3，有效期至2002年12月25日。后由于多种原因，沁北电厂又缓建，2003年初电厂建设重新启动，其中一期工程批准年取水量1 165万 m^3，工程于2004年11月份开始取水，运行状况良好。二期工程已于2006年开工建设，预计2009年底建成运行。由河南华能沁北发电有限责任公司负责管理。

（十四）沁河河口村水库

河口村水库坝址位于黄河一级支流峡谷段出口五龙口以上9 km济源市境内，是一座以防洪、供水为主，结合灌溉、发电等综合利用的水利枢纽。工程总投资约25亿元，总工期28个月。

河口村水库总库容3.26亿 m^3，其中防洪库容2.48亿 m^3，兴利库容1.99亿 m^3，建成后多年平均增加供水量约13 300万 m^3，可为济源、焦作等粮食生产核心区提供农业灌溉用水6 842万 m^3，提供工业及城市生活供水6 580万 m^3，以促进粮食生产的持续稳定增长和地区经济发展。

第二节　发　电

一、三门峡水利枢纽发电站

三门峡水利枢纽发电站原设计装机8台，装机容量116万kW，多年平均年发电量60亿kWh。工程于1957年动工兴建，按正常蓄水位350 m施工，相应初始总库容354亿 m^3。1960年水库蓄水，1962年第一台机组试发电。水库蓄水后，由于泥沙淤积，至今已进行了三次大的改建，改建后水库运用最高水位为340 m。目前水电站装机容量达到 40 万 kW,多年平均发电量达到 13.17 亿 kWh。

二、小浪底水利枢纽发电厂

小浪底水利枢纽发电厂于 1996 年 8 月开始兴建,1999 年建成发电,引水发电系统布置在枢纽左岸,包括 6 条发电引水洞、地下厂房、主变室、闸门室和 3 条尾水隧洞。厂房内安装 6 台 30 万 kW 混流式水轮发电机组,总装机容量 180 万 kW,多年平均发电量 45.99 亿 kWh/58.51 亿 kWh(前 10 年/后 10 年),是河南电网最为理想的调峰调频电站。

三、西霞院水库水力发电站

西霞院反调节水库通过对小浪底水电站调峰发电的不稳定流进行再调节,可使下泄水流均匀稳定,满足黄河下游河段的工农业用水及河道整治工程安全要求,有效缓解“电

调”与“水调”的矛盾，对于充分发挥小浪底水利枢纽综合效益具有不可替代的作用。西霞院电站设有4台水轮发电机组，2007年6月18日首台机组正式并网发电，总装机容量14万kW，多年平均发电量5.83亿kWh。

四、陆浑水库水力发电站

水库于1959年12月开工，1965年8月主体工程建成。1972年3月开始增建灌溉发电洞，1974年完工。陆浑水库水力发电站总装机容量1.045万kW，多年平均发电量1 449万kWh。

五、故县水库水力发电站

水库于1958年首次开工，1978年再次复工，1980年截流，1994年水库投入运用。发电站位于河床左岸7、8、9号坝段，系坝后式厂房，安装3台机组，单机容量2万kW，总容量6万kW，年发电量1.76亿kWh。

六、河口村水库水力发电站

在建的河口村水库水力发电站设计总装机1.68万km，计划2012年竣工，年平均发电量4 671万kWh，年发电效益为1 722万元。

七、大唐集团首阳山火力发电厂

大唐集团首阳山火力发电厂位于洛阳东27 km处的洛阳首阳山，电厂是“七五”和

“八五”期间建成的国家大一企业，是华中电网和河南省的主力火电厂，享有“豫西明珠”、“洛阳花园式工厂”等荣誉称号。该厂规划总装机容量220万kW，计划分三期建成，其中一期工程(2×20万kW机组)、二期扩建工程(2×30万kW机组)分别于1988年和1995年相继投产，年发电量50亿kWh。

八、河南华能沁北电厂

华能沁北电厂位于河南省济源市五龙口境内，现装机容量4×60万kW，年均发电量90亿kWh。

一期工程安装2×60万kW国产超临界机组，是华中地区第一座单机容量60万kW的大容量、高参数骨干电厂，被列为我国首台60万kW超临界机组国产化依托项目，采用“引进技术、联合设计、合作生产”的国产化方案为国内首创。工程荣获中国建筑工程最高奖——鲁班奖等。

二期扩建2×60万kW国产超临界燃煤机组工程于2007年底并网发电，达到了国内同类机组设备国产化比率的最高水平。沁北电厂拟扩建三期工程2×100万kW超临界燃煤发电机组前期工作正在紧张进行中。

九、华阳孟津火力发电厂

华阳孟津火力发电厂是由“台塑集团”投资兴建的一座大型发电厂，位于孟津县白鹤镇，距黄河孟津段约500 m，是一座节能、环保型坑口加路口电厂，设计规划装机容量为6×60万kW，一期安装2×60万kW超临界机组，概算投资接近52亿元人民币，计划2010年建成投产，年发电量60亿kWh以上。

第三节 砂石与土地资源开发利用

一、砂石资源开发利用

(一)洛阳河段砂石特性

黄河洛阳段地处黄河中游末端，位于黄河山区型河道向平原型河道的过渡段。由于河流初出峡谷，水流突然展宽，上游河谷河床带来的砂卵石推移质在此河段大量沉积，床面基本由卵石和粗沙组成，长时间的造床作用，形成了砂卵石洲滩和汊道密布的分汊性砂卵石河道。铁谢以上河段有三处较大心滩，从上到下分别为霞院滩、白坡滩和铁谢滩，中水以下均不会完全漫滩，在大水时霞院滩和白坡滩较为稳定，铁谢滩滩头有一定的冲蚀，但不十分明显。它们将大河一分为二，形成南北两股河汊。从多年河势的总体情况看，中水以下三处心滩北汊的分流比例均较南河为小。其中：霞院滩南北两河汊分流一直较稳定；白坡滩北汊，分流一般在10%～40%；铁谢滩前主溜多年走南河，靠铁谢工程段，分流可达70%～80%。1996年高含沙洪水后白坡滩北汊与铁谢滩北汊逐渐衰败，白坡工程1998年修建1～12坝后，铁谢滩北汊已不再过流。铁谢以下河段河道迅速展宽，心滩出没不定，河槽里两三股汊河并存，主溜摆动范围多达2 km。洛阳河段河道自上而下平面形态变化较大，河道属性依次为山区型河道、分汊型河道和游荡型河道。

河段表层为新近沉积的沙壤土、沙层，中部为第四系全新统冲积砂砾石层，下部为基岩地层。自小浪底到洛阳黄河公路大桥段两岸滩地为全新统冲积层，其中黄河河道两侧为近代冲积层，主要为淡黄色沙土、粉细沙及砾石。两边滩地上部被沙性土覆盖，厚度1～4 m，主河道内85%为砂砾石层，砂卵石厚度最大达80 m。洛阳黄河公路桥以下河道为第四纪河相沉积物，河谷表层为泥沙沉积物，有砂质土、两合土、淤积质，厚度5～15 m，河谷深槽处覆盖着卵石层，孟州逯村工程河段卵石层埋深8 m。

（二）采砂厂基本情况

1. 孟津河段

孟津黄河河道采砂始于1993年，根据河道整治规划，河务部门对河道采砂逐步进行规范管理，以达到减轻河床淤积、疏浚河道、增加群众收入和支援地方经济建设的目的。河段采砂主要采用机械采挖和机船抽沙两大类，根据砂石资源分布特点，洛阳黄河公路桥以上主要采用机械采挖加工；洛阳黄河公路桥以下主要采用采砂船抽沙。

孟津河段采砂厂情况见表9-3。

表9-3　孟津河段采砂厂情况

序号	砂厂名称	兴建时间（年-月）	砂厂位置	年开采量（m^3）
1	桥南砂石厂	2004-09	太澳高速桥以东老城滩区	150 000
2	洛阳市宝盈建材有限公司	2007-10	孟津县白鹤镇鹤北村以北黄河滩区	30 000
3	孟津鸿舜混凝土有限公司	2007-10	孟津县白鹤镇鹤南村以北黄河滩区	60 000
4	双槐砂石厂	2008-03	孟津县双槐滩区	20 000
5	会盟砂石厂	2008-03	孟津县双槐滩区	40 000
6	洛阳金黄河砂石有限公司	2008-05	铁谢工程班对面	40 000
7	永盛砂石厂	2007-08	孟津县铁炉滩区	42 000

2. 吉利河段

吉利黄河滩区砂石开采出现于20世纪90年代，最早由吉利区白坡村村委会投资建设白坡砂石厂。随着当地社会经济的发展，砂石资源成为城市发展、道路交通建设的重要物资，价格持续攀升，在利益的驱动下，沿黄各村纷纷投资建设砂石料厂。

目前,吉利黄河滩区共计有砂石料厂 8 家,基本情况见表 9-4。

表 9-4　吉利河段采砂厂情况

序号	砂厂名称	兴建时间（年-月）	砂厂位置	年开采量（m^3）
1	洛阳市吉利区北河二坝砂石厂	2007-11	洛阳市吉利区南陈村	20 000
2	洛阳市吉利区源通砂石厂	1998-06	洛阳市吉利区白坡村	20 000
3	洛阳市吉利区宝辉建材有限公司	1999-12	洛阳市吉利区康窑村	20 000
4	洛阳市吉利区大砻砂石厂	2009-01	洛阳市吉利区康窑村	20 000
5	洛阳市吉利区冶戌建安砂石二厂	2007-09	洛阳市吉利区冶戌村	20 000
6	洛阳市吉利区坡底新建砂石厂	2007-05	洛阳市吉利区坡底村	20 000
7	洛阳市吉利区金宏砂石厂	2009-05	洛阳市吉利区白坡村	20 000
8	小浪底水利水电工程有限公司西霞院白坡砂石厂	2008-10	洛阳市吉利区白坡村	40 000

(三)采砂管理模式

1. 管理组织

河道管理范围内采砂,由当地河道主管机关负责审批。由于采砂会影响到第三者利益,主要涉及当地人们群众生产生活、湿地保护、船只管理和安全管理等方面的利益,当地河道主管机关在审批过程中必须对采砂申请人提出以上几个方面的意见和建议进行审查。

2. 管理程序

(1)采砂户填写、提交《采砂申请书》和提供相关资料;

(2)由当地河道主管机关组织审查,由水政、工管、防办、运行观测、财务等有关部门实地勘察后会商审查;

(3)提交会商审查报告;

(4)签订《采砂收费协议》,最后颁发《采砂许可证》。

3. 采砂证管理

当地河道主管机关对采砂申请人审查合格,签订《采砂收费协议》后颁发采砂许可证;河道主管机关和采砂人各执一份;采砂证期限一般为 1 年,每年 12 月 10～20 日年审。采砂证变更的,需经河道主管机关批准。

(四)砂石资源带动经济增长

豫西河务局所辖黄河河段有采砂厂 15 家,年开采总量约 56.2 万 m^3,给地方创造经济收入约 1 124 万元,其中孟津河段现有采砂厂有 7 家,年开采总量约 38.2 万 m^3,创造经济收入约 764 万元;吉利河段现有采砂厂有 8 家,年开采量约 18 万 m^3,创造经济收入约 360 万元。

二、土地资源开发利用

豫西所辖黄河河段属山区型河道向平原型河道过渡段,可开发利用土地资源均在孟津西霞院水库以下河道。

(一)土地自然现状

孟津黄河段属于湿地自然保护区,1985 年由省政府批准建立,2003 年晋升为国家级保护区。西起白鹤镇西霞院村,东至偃师市,全长 30 km,包括水域、浅滩、夹心滩等,面积约 6 206 hm^2。河道两岸滩涂占地约 2 600 hm^2,其中河务部门管辖的土地 70 多 hm^2。

(二)土地开发利用

自 1992 年开始,开发利用黄河滩区土地 69 hm^2,先后种植了枣、梨、林木、蔬菜等经济作物。1998 年利用土地从事加工业,先后与当地农业部门及有关经济实体进行合作开发,创造经济效益约 300 万元(见表 9-5)。

表 9-5　土地开发利用统计

序号	品种	占地(hm^2)	时间(年-月)	数量(棵)
1	三倍体毛白杨	26.8	2001-03 ~ 2002-03	44 622
2	107 杨	4.7	2002-03	137 160
3	金丝柳	3.2	2002-03	120 000
4	蔬菜	2.0	2003-04	
5	沙兰杨	1.0	1994	960
6	银杏	6.3	1996 ~ 1997	115 000
7	梨、枣	2.0	1992	1 800
8	砂石加工	1.7	1998-05	
9	生态园	21.3	2007	
合计		69.0		419 542

(三)土地开发前景

规划利用现有黄河滩区土地资源建设黄河生态园、休闲度假村、黄河游览区,全力打造"洛阳花园口"。

黄河生态园建设规划占地 20 hm^2,其中包括:建设湿地生态保护区 7 hm^2、森林氧吧公园 13 hm^2,还可在黄河岸边建轮渡码头,游客乘坐游船往来于两岸之间欣赏美景。

休闲度假村建设规划占地 13 hm^2,目前已建成别墅 60 栋,拟建度假宾馆 1 座,宾馆内设置综合棋牌室、室内游泳馆、乒乓球室、保龄球室、网球场、桌上台球室等;室外建设篮球场、羽毛球场、网球场等设施,吸引以家庭为单位的人群前来度假、观光。另外,以鱼塘为支点,辐射性开发旅游产业,大力发展特色饮食文化,成为游人垂钓、休闲、娱乐、养生的好去处。

黄河游览区建设规划占地 40 hm^2。计划建设特色景点,引进水上乐园、海盗船、黄河快艇、卡丁车等娱乐项目。

第四节　水利工程施工与维修养护

随着经济社会发展的需要和国家水管体制改革的实施,豫西河务部门利用自身优势,先后成立了洛阳金黄河水利工程有限公司、洛阳宏泰黄河水利工程维修养护有限公司,为治黄事业的发展奠定了坚实的基础。

一、洛阳金黄河水利工程有限公司

洛阳金黄河水利工程有限公司是水利部直属的综合性施工企业,资质为水利水电施工总承包二级、河湖整治工程专业二级、堤防工程专业二级、土石方工程专业三级。

公司成立于1998年8月,现有职工382人,各类专业技术人员164人,其中高级职称人员16人,中级职称人员66人,一级项目经理5人,二级项目经理19人。公司设综合部、财务部、工程部、质安部、投标部、计划部和6个工程处;公司原注册资本金2 030万元。近年来,公司抓住国家加大水利基础设施投资力度的机遇,内强素质,外树形象,积极开拓市场,提升企业知名度,不断发展壮大自身实力,使综合实力得到大幅度提高,并在吉林、湖北、广东、新疆四省成立投标办事处,每年承揽工程投资约5 000万元。现拥有固定资产总值6 000万元,其中生产经营性固定资产净值5 000万元;拥有各类大型施工设备280台套,设备总功率15 800 kW;先后承揽了多项大型水利工程,主要有黄河下游防护工程、西霞院库区下游防护工程、洛河治理工程、洛南新区水系工程等。

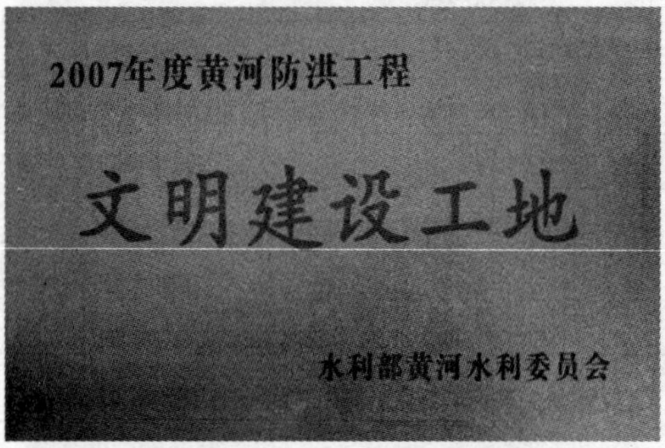

在工程施工管理中,公司始终将质量和信誉放在首位,强调“质量是企业的生命,信誉是企业的根本”,所承担的工程质量合格率达到100%,优良率达到95%以上,得到业主和监理工程师的好评。公司承建的三门峡库区七里防冲工程、太澳高速黄河特大桥补救工程、济源五龙口防护工程、孟津花园镇控导改建工程等多项工程被评为优良工程,并多次获得黄委“文明建设工地”称号。公司承建的洛阳中州渠综合治理工程、洛阳新安电厂饮水隧道工程、洛南新区水系工程分别荣获2004、2005年度洛阳市建设工程“龙山杯”奖。

为了提高企业自身管理水平,公司先后通过了ISO 9001质量管理体系认证、ISO 14001职业健康安全管理体系认证、Gt 28000环境管理体系认证;被中国水利水电企业管理协会评为“水利先进施工企业”,被中共河南省委河南省人民政府授予“省级文明单位”称号,被河南黄河水利水电企业管理协会评为“安全生产先进单位”和“文明施工工地”;2003年被洛阳市工商行政管理局评为“重合同、守信用企业”;2004年取得交通银行河南分行颁发的“AAA”级信用证书。

二、洛阳宏泰黄河水利工程维修养护有限公司

洛阳宏泰黄河水利工程维修养护有限公司于2005年8月16日正式在洛阳市工商局注册成立,具有独立法人资格,注册资金166.3万元人民币。公司共有员工50人,总公司设有综合部、工程部、财务部,并在济源市、孟津县、吉利区设三个分公司,承担豫西黄河工程中小险情的抢护和维修养护工作,年收入400余万元。

第三篇　豫西黄河文化

豫西黄河文化源远流长，古朴而厚重。新石器时代的仰韶农业文明、河洛文化开启了华夏民族的文明之路，并使河洛地区成为华夏民族的摇篮。岁月的沧桑变迁带不走历史的痕迹，河图洛书、龙门石窟、白马寺述说着200多位帝王、20多个朝代的故事。古老的历史长河中，孕育了众多老少皆知、耳熟能详的神话传说和人文典故，并形成了独具特色的饮食文化，洛阳水席和杜康酒已成为招待中外友人的首选，一年一度的洛阳牡丹花会已成为洛阳最亮丽的风景。

第十章　豫西古文化

第一节　河洛文化

河洛地区指黄河中游潼关至郑州段的南岸，洛水、伊水及嵩山周围地区，包括颍水上游登封等地，大致包括北纬34°～35°、东经110°～114°间的地区，概言之就是今天河南省的西部地区。河洛地区南为外方山、伏牛山山脉，北为黄河，西为秦岭与关中平原，东为豫东大平原，“北通幽燕，南达江淮”，在古代雄踞于中原，为“天下之中”（《史记·周本记》），即所谓“中国”（西周何尊铭文），是古代中国东西南北的交通中枢，地理位置十分重要。

河洛文化是指中国古代河洛地区的文化，产生于河洛地区，简言之就是孕育、诞生、发展、繁荣、盛行、传承于河洛地区的地域文化。包括原始社会的彩陶文化（仰韶文化）和河南黑陶文化以及神秘而又代表河洛人智慧的《河图》、《洛书》；包括夏商周三代的史官文化，及集夏商周文化大成的周公制礼作乐的礼乐制度；还应包括综合儒、道、法、兵、农、阴阳五行各家学说而形成的汉代经学、魏晋玄学、宋明理学以及与儒道思想互相融合的佛教文化等，以上各种文化的总和就是河洛文化。

河洛文化是中华民族的核心文化。我们现在通常所说的中华民族文化，是在当今中国版图范围之内，以汉民族为主体的多民族共同创造的文化。大量考古资料发现和古代文献记载说明，华夏文化是汉文化、中华民族文化的母体文化。华夏文化主要源自中国古代早期国家夏商文化及其更为久远的河南龙山文化。多年来的考古发现与研究已经证实，河南龙山文化是夏文化形成的直接源头。河洛地区是河南龙山文化的重要分布地区，就这点而言，河洛地区可以说是夏文化、华夏文化的发源地及其形成、发展的核心地区，也可以说是以后汉文化、中华民族文化的发源地。

炎黄文化根在河洛文化。从裴李岗文化、仰韶文化、龙山文化，到二里头文化的一系列重大考古发掘，都印证了炎黄时代的文化成就大多在河洛地区，河洛一带仅仰韶文化遗址就有500多处，且出土有大量的鼎。鼎是远古先民的主要炊具，与传说中的黄帝铸鼎之说极为吻合。在灵宝铸鼎原周围近300 km^2 的范围内，发现有29处仰韶文化遗址，其中的超大型遗址——北阳平遗址，足够视为仰韶文化的中心地位。阳平逢山是炎黄母族所居之地，新郑为黄帝父祖生活之所，而且在洛阳地区有许多与炎黄有关的考古发现，尤其是偃师二里头遗址最近一个重大发现——宫殿遗址，据戴逸先生考证，很可能是5 000年以前政权中心的所在地，而此时正好是炎黄活动的时代，这一发现与黄帝作城的历史记载有惊人的一致。炎黄二帝是部族时代的杰出代表，他们在河洛地区带领四方人民披荆斩棘，筚路蓝缕，开启了华夏民族的文明之路，并使河洛地区成为华夏民族的摇篮。

第二节　仰韶文化

仰韶文化是距今约5 000~7 000年中国新石器时代的一种文化。1921年首次在河南省三门峡市渑池县仰韶村发现，主要分布于黄河中下游一带，以河南西部、陕西渭河流域和山西西南的狭长地带为中心，东至河北中部，南达汉水中上游，西及甘肃洮河流域，北抵内蒙古河套地区。由于时间跨度与分布地域的不同，仰韶文化分为半坡类型、庙底沟类型以及西王村三大类型。

现已发掘出近百处文化遗址，出土文物均反映出较统一的文化特征。生产工具以较发达的磨制石器为主，常见的有刀、斧、锛、凿、箭头、纺织用的石纺轮等。骨器也相当精致，有较发达的农业，作物为粟和黍。饲养家畜主要是猪，并有狗。也从事狩猎、捕鱼和采集。各种水器——甑、灶、鼎、碗、杯、盆、罐、瓮等日用陶器以细泥红陶和夹砂红褐陶为主，主要呈红色，多用手制法，用泥条盘成器形，然后将器壁拍平制造。红陶器上常有彩绘的几何形图案或动物形花纹，是仰韶文化的最明显特征，故也称彩陶文化。选址一般在河流两岸经长期侵蚀而形成的阶地上，或在两河汇流处较高而平坦的地方，这里土地肥美，有利于农业、畜牧，取水和交通也很方便。如临潼姜寨的村落遗址，有100多座房屋，分为5组围成一圈，四周有濠沟环绕，反映出当时有较严密的氏族公社制度。仰韶文化属于母系氏族公社制繁荣时期的文化。早期盛行集体合葬和同性合葬，几百人埋在一个公共墓地，排列有序。各墓的规模和随葬品差别很小，但女子随葬品略多于男子。

仰韶文化的制陶工艺相当成熟，器物规整精美，多为细泥红陶和夹砂红陶，灰陶与黑陶较为少见。其装饰以彩绘为主，于器物上绘精美彩色花纹，反映当时人们生活的部分内容及艺术创作的聪明才智。另外，还有磨光、拍印等装饰手法。造型的种类有杯、钵、碗、盆、罐、瓮、盂、瓶、甑、釜、灶、鼎、器盖和器座等，最为突出的是双耳尖底瓶，线条流畅、匀称，极具艺术美感。

仰韶文化是一个以农业为主的文化，其村落或大或小，比较大的村落的房屋有一定的布局，周围有一条围沟，村落外有墓地和窑场。村落内的房屋主要有圆形和方形两种，早期的房屋以圆形单间为多，后期以方形多间为多。房屋的墙壁是泥做的，有用草混在里面的，也有用木头做骨架的。墙的外部多被裹草后点火燃烧过，来加强其坚固度和耐水性。

仰韶文化的农耕石器包括石斧、石铲、磨盘等，除此之外还有骨器。除农耕外仰韶文化的人显然还进行渔猎。在出土的文物中有骨制的鱼钩、鱼叉、箭头等。仰韶文化前期的陶器多是手制的，中期开始出现轮制的。一些陶器上留有布和编织物印下来的纹路，由此可见仰韶文化有编织和织布的手工业。在发掘的动物骨头中除猎取的野生动物外还有大量狗和猪的骨骼，羊比较少。

对于仰韶文化的内部分类、时间上的分类以及各个遗址之间的相互关系在学术界还有争论。对仰韶文化的社会结构也还有不同的看法。大多数学者今天认为它主要是一个父系社会，早期的母系社会的论点现在只有比较少的人支持了。仰韶文化向人们展示了中国母系氏族制度繁荣至衰落时期的社会结构和文化成就。

第三节　河图洛书

“河图”与“洛书”是中国古代流传下来的两幅神秘图案，历来被认为是河洛文化的滥觞，中华文明的源头，被誉为“宇宙魔方”。

传在伏羲氏时，伏羲氏教民“结绳为网以渔”，养蓄家畜，促进了生产的发展，改善了人们的生存生活条件。因此，祥瑞迭兴，天授神物。有一种龙背马身的神兽，生有双翼，高八尺五寸，身披龙鳞，凌波踏水，如履平地，背负图点，由黄河进入图河（今洛阳市孟津县，白鹤、送庄乡境内），游弋于图河之中。人们称之为龙马。这就是后人常说的“龙马负图”。伏羲氏见后，依照龙马背上的图点，画出了图样。接着，又有神龟负书从洛水出现。伏羲氏得到这种天赐的用符号表示的图书，遂据以画成了八卦。这就是《易·系辞上篇》记载的，“河出图，洛出书，圣人则之”。即伏羲氏“作八卦，以通神明之德，以类万物之情”。故后人在伏羲氏龙马负图处修建了负图寺。以纪念伏羲氏开拓文明的功绩。

对河图、洛书的图形，文献一直保存至今。河图实际是由1～10排列而成，5和10构成中宫，奇数为阳，白色，代表天数（生数）；偶数为阴，黑色，代表地数（成数）。洛书实际是九宫，即1～9排列而成，横、竖、斜三个数相加和都是15。河图、洛书形式不同，本质相同，都表示历法和卜筮，四面八方，四时八节，八卦，九宫及五位统一的体系。十月太阳历与《河图》有相通之处，原因在于它们有同样的源头。

中国易学关于八卦来源的传说，最初指天赐的祥瑞。河洛所指，后世理解不一。西汉刘歆以河图为八卦，以《尚书·洪范》为洛书。汉代纬书有《河图》九篇，《洛书》六篇。以九六附会河洛之数。宋初陈抟创“龙图易”。吸收汉唐九宫说与五行生成数，提出一个图式，名龙图，即河图。西蜀隐者则以陈抟之先天太极图为河图。刘牧将陈抟龙图发展为河图、洛书两种图式，将九宫图称为河图，五行生成图称为洛书。南宋朱震于《周易挂图》中载其图。南宋蔡元定认为刘牧将河图与洛书颠倒了，将九宫图称为洛书，五行生成图称为河图。朱熹《周易本义》卷首载其图。后世所称一般以蔡说为准。南宋薛季宣以九数河

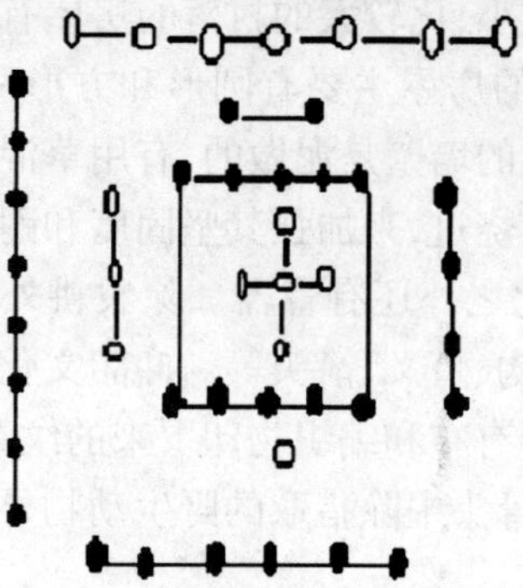

河图

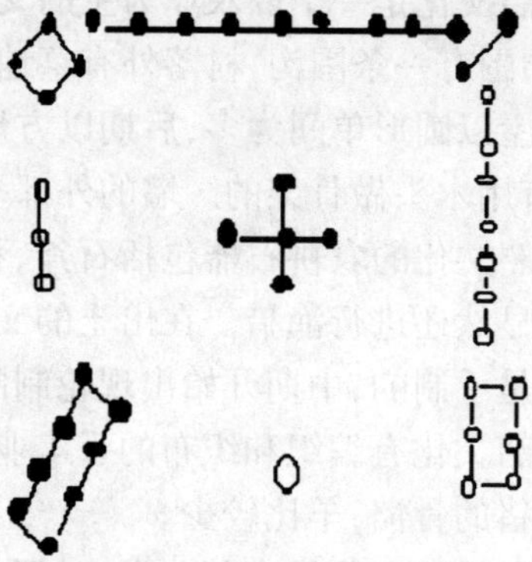

洛书

图、十数洛书为周王朝的地图、地理志图籍。清黄宗羲《易学象数论》、胡渭《易图明辨》亦认为河图洛书为四方所上图经一类。今人高亨认为河图洛书可能是古代地理书,另有人认为河图为上古气候图,洛书为上古方位图,或以为河图为天河之图。众说不一,尚在继续探求中。

河图、洛书的关系,一般认为河图为体,洛书为用;河图主常,洛书主变;河图重合,洛书重分;方圆相藏,阴阳相抱,相互为用,不可分割。

第十一章　古代水文化

第一节　远古治河传说

在远古蒙昧时期,人们居无定所,每当洪水来临,他们就逃往高处,躲避水患。到了传说中的神农氏时代,黄河流域的氏族部落进入了以农业为主的阶段,开始了临水而居。在他们享尽大河之利的同时,也时常面临着洪水的威胁,开始了与水患的斗争,留下了许多动人的传说。

相传共工是炎帝的后裔,在共地(大约今河南辉县一带)居住,面临黄河,北靠太行山,土地肥沃,水源充足,一到洪水季节,河水汹涌泛滥,共工带领人民和洪水搏斗。他的治水方法是把高处的泥土、石块搬到低处,在离河一定距离的地方,修一些简单的土石堤埂以抵御洪水,成效显著。

传说到了唐尧时期,黄河经常发生洪水,为了制止洪水泛滥,保护农业生产,尧曾召集部落首领会议,一致推荐有治水传统的夏族首领鲧主持治水。鲧耗费了无数的人力、物力,沿用共工的老办法,用堤埂把居住区和田地围护起来,成效甚微,最终被放逐到羽山之下。

舜继位后,任用鲧的儿子禹主持治水,大禹联合了有长期治水经验的共工和伯益、后稷等部落,继续向洪水展开大规模的斗争。他汲取并改进共工和鲧的经验,改为因势疏导,利用水向低处流的自然趋势,顺地形把河川疏通,把洪水引入已疏通的河道、洼地或湖泊,然后汇入大海。大禹一心扑在治水事业上,传说他结婚的第四天,就离家投身治水工作,居外13年,"三过家门而不入",终于平息了水患,使洪水全部归槽,灾害消除。

第二节　治河方略的发展

大禹的疏导思想,是治河思想的第一次发展。从简单的"堵"到因势利导的"疏",是人类认识自然规律的一次大的进步。

随着生产力的发展,人口的增加,黄河下游的肥田沃土被广泛开垦,城市农村也密集起来,再也没有那么多荒原任黄河洪水随意摆动。春秋战国时期,管仲就向齐桓公提出筑堤防洪、约束河水流路的方法,春秋时期各国都修筑了堤防,战国时堤防连贯起来,初具规模。秦始皇统一中国后,拆除了阻碍水流的工事,由各诸侯国修建、分管的黄河堤防得到统一。

西汉中后期,特别是自成帝至王莽时代的三四十年间,由于河患加重和封建统治者对黄河治理的重视,探索治河方法的人愈来愈多,治河思想空前活跃,如以马逡为代表借鉴禹疏九河的方式,提出的分流治河方略;孙禁、王横等人根据黄河下游实际情况提出的人工改道方略；关并总结古人治水经验提出的滞洪蓄洪方略等。这些治黄思想的进一步探讨和发展，有力地促进了当时的治河活动。

最早提出束水攻沙方略的是王莽时期的大司马史张戎，他拟通过修筑并巩固堤防来控制和约束洪水，借水力刷深河道，以避免和减轻河患。同一时代，贾让提出人工改道、分泄洪水和巩固堤防的治河"三策"，这一方策不仅提出了防御黄河洪水的对策，还提出了放淤、改土、通漕等方面的措施，成为治黄史上的第一个除害兴利规划。

进入东汉后，由于河、济、汴交败的局面愈演愈烈，治河论争也日趋激烈，主要表现在治河与政治、经济的关系，以及采取什么样的治河措施上。汉明帝曾说，由于治理意见不统一，众说纷纭，一时拿不定主意而治河不能及早动。直到永平十二年（公元69年）才决定修治，依照王景陈述的意见，开始了一场大规模的治理活动，采取当时各种可行的技术措施，自上而下对黄河、汴渠进行治理。特别是在汴口治理中，创造性地采取了十里立一水门的措施，交替从河中引水入汴，做到了河、汴分流。王景这次治河活动，不仅平息了数十年的黄河水患，而且从此以后，河流规顺，在八九百年间史书上少见有关黄河改道的记载。

北宋时期，由于河患严重，而且这时的河道变迁更加剧烈，加之北宋京城开封地处黄河下游，河患与统治阶级的利害关系更为密切，因此从皇帝到朝廷大臣，许多人都卷入了治河的争论。

论争首先发生在李垂的分流建议上，淳化至大中祥符年间（公元990～1016年），鉴于黄河决溢多发生在今河南濮阳，山东聊城、济南、东平、惠民等地，建议采用开河分流的方法治理滑州以下的黄河河道，以减轻下游的决溢灾患。宋王朝对这一方案十分重视，召集百余人进行讨论。但因反对意见占上风而未予采纳。1048年黄河在今濮阳境内发生商胡改道后，黄河北流，经今河北省在天津附近入海。自此以后因北流多次决口，引发了"北流"和恢复故道（经今河南清丰、南乐，山东聊城、惠民、滨县等地"东流"入海）长达40余年的治河大争论，三次回河"东流"均以失败而告终。

清代时期，朝廷为保漕运，寻求治河之策，各种主张活跃，有分流论、改道论、汰沙澄源论、北堤南分论等，人们认识到治河必须从中游着手，"正本清源"，这是治黄思想的一个重要转变。明代的治河争论，主要发生在分流与合流之争上。从明初到清嘉庆年间，治河者大部分都主张分流，"以杀水势"。宋濂、徐有贞、白昂、刘大夏、刘天和等一大批明代治河名人都持有这一观点，并进行了相当规模的实践。由于黄河多沙，水分则势弱，必然导致泥沙淤积，促使河道淤塞，因而在明代前200年中，由于过度分流，不但没有使河患减轻，反而加重了黄河的灾害。隆庆、万历年间，以万恭、潘季驯在总结前人经验的基础上，提出了"以堤束水，以水攻沙"、"以清释浑"等一系列主张，基本解决了治黄历史上长期分疏与筑堤的争论。

清咸丰五年（1855年），黄河在铜瓦厢决口，有人主张堵复决口，挽大河回归故道，恢复漕运，消除山东水患。而更多的人坚持因势利导，就新河筑堤，使河改行山东。最后，主张就新河筑堤的意见占了上风，1864年，由当局主持修筑新堤，经过20年的施工，黄河下游的新堤防才完整地修筑起来。

20世纪30年代初，李仪祉等治河专家总结历代治河经验，吸收西方先进科学技术，打破了传统的治河观念，提出了治理黄河要上、中、下游结合，治本与治标结合，工程措施与非工程措施结合，治水与治沙结合，兴利与除害结合的综合治理方针，治河方略发展到一个比较高的水平。

第十二章　现代水文化

第一节　民生水利

党的十七大强调，在新的发展阶段继续全面建设小康社会、发展中国特色社会主义，必须深入贯彻落实科学发展观。我们要全面把握科学发展观的科学内涵和精神实质，更加自觉、更加坚定地贯彻落实科学发展观，着力转变不适应不符合科学发展观的思想观念，着力解决影响和制约科学发展的突出问题，把科学发展观贯彻落实到水利发展与改革的各个方面。

加强基础产业基础设施建设；加强农村基础设施建设，增强农业综合生产能力，确保国家粮食安全；保护土地和水资源，建设科学合理的能源资源利用体系，提高能源资源利用效率；重点加强水、大气、土壤等污染防治，改善城乡人居环境；加强水利、林业、草原建设；加强荒漠化沙漠化治理，促进生态修复；加强应对气候变化能力建设；强化防灾减灾工作等。这些都直接涉及水利，说明党中央对水利工作高度重视，也是党中央对水利工作提出的新要求。

水利部陈雷部长认为，以人为本是科学发展观的核心，大力发展民生水利是深入贯彻落实科学发展观的必然要求，是践行可持续发展治水思路的应有之义。深入贯彻落实科学发展观，必须把科学发展观的根本要求与民生水利的具体实践结合起来，以解决人民群众最关心、最直接、最现实的水利问题为重点，以政府主导、群众参与、社会支持为途径，以构建城乡统筹、区域协调、人水和谐的水利基础设施体系为保障，着力解决好直接关系人民群众生命安全、生活保障、生存发展、人居环境、合法权益等方面的民生水利问题，努力形成保障民生、服务民生、改善民生的水利发展格局，使人人共享水利发展与改革成果。

“民生水利发展是一个动态的、系统的、长期的过程。”陈雷部长认为，民生水利具有阶段性，经济社会发展的不同阶段，民生水利涵盖的内容不同，人民群众对民生水利的要求不同，我们解决民生水利问题的重点和标准也不相同。

民生水利具有公共性，涉及人民群众的基本需求，具有广泛的受益面，政府应当发挥主导作用，公共财政应给予更大支持。

民生水利具有差别性，东中西部、城市农村、流域之间的民生水利问题表现各异，不同阶层群体对民生水利的期盼各不相同，解决这些民生水利问题的难易程度、紧迫程度和方法措施也不尽一致。

民生水利具有综合性，一项民生水利工程往往具有保障生命安全、促进经济发展、改善人民生活、保护生态与环境等多种功能和多重效益，发挥某一功能效益又需要多项民生水利工程相互配套配合。

2007 年 10 月 24 日，陈雷部长在“认真学习贯彻党的十七大精神、努力谱写水利发展与改革新篇章”的报告中提出,解决民生水利问题需要做好以下七个方面工作。一是优先解决农村饮水安全问题。加大投入,认真组织,精心实施,确保工程建得成、用得起、管得好、长受益。二是着力解决水库病险问题。按照中央要求,加快病险水库除险加固步伐,用3年时间基本解决6 200多座大中型和重点小型水库的病险问题。三是推进灌区节水改造。加快大中型灌区续建配套与节水改造,加强末级渠系配套建设,提高粮食综合生产能力,保障粮食安全。四是加快农村水电开发。统筹农民利益、地方发展与生态环境保护,加大农村电气化县建设力度,加快解决无电、缺电人口用电问题,改善贫困山区农民生产生活条件。五是加强城乡水环境整治。加大水土流失治理力度,充分发挥大自然的自我修复能力,推进清洁小流域建设,整治农村沟塘渠系,打造城市亲水平台,加强水质保护,建设清洁河道,维护河流健康,改善恢复生态,努力满足广大人民群众实现优质生活、享有优良环境的需求。六是搞好水利血防工作。结合江河综合治理、节水灌溉、人畜饮水和小流域治理等水利工程,加快水利血防步伐,实现血防近期目标,保障人民群众健康。七是落实水库移民政策法规。不折不扣地落实好移民安置和后期扶持政策,逐步建立促进库区经济发展、水库移民增收、生态环境改善、农村社会稳定的长效机制,使水库移民共享改革发展成果,实现库区和移民安置区经济社会的可持续发展。

第二节 维持黄河健康生命

源远流长的黄河是中华民族生生不息的根脉,它不仅给了我们物质的生命,而且赋予了我们文化的生命。但是由于日趋严重的人类活动的影响,黄河的本体生命也正在遭受着前所未有的挑战。流域经济社会日益增长的用水需求一再突破黄河生命的底线,人与河争水、与水争地的局面越来越严峻。新时期如何重新审视人类与河流的关系,怎样才能实现人与自然的和谐相处?面对新的历史抉择,2004年,黄委党组确立了“维持黄河健康生命”的治河新理念,这不仅是一个自然科学的重大命题,也是一个重大的社会科学和人文科学命题。

“维持黄河健康生命”是一种新的治河理念,其初步理论框架是:“维持黄河健康生命”为黄河治理的终极目标,“堤防不决口,河道不断流,污染不超标,河床不抬高”为体现其终极目标的四个主要标志,该标志应通过九条治理途径来实现,“三条黄河”建设是确保各条治理途径科学有效的基本手段。一个终极目标,四个主要标志,九条治理途径,“三条黄河”基本手段,概括为“1493治河方略”。

一、“维持黄河健康生命”是黄河治理开发与管理的终极目标

要使黄河为全流域及其下游沿黄地区庞大的生态系统和经济社会系统提供持续支撑,必须首先使黄河自身具有一个健康的生命。其生命力主要体现在,水资源总量、洪水造床能力、水流挟沙能力、水量自净能力、河道生态维护能力等方面。“维持黄河健康生命”,就要维持黄河的生命功能,这将成为黄河治理开发与管理各项工作长期奋斗的最终目标。

二、"四个不"是"维持黄河健康生命"的主要标志

"维持黄河健康生命",意味着必须彻底遏制当前整体河情不断恶化的趋势,使之恢复到一条河流应有的健康标准。衡量"黄河健康生命"的主要标志是什么呢?这就是水利部党组对黄河治理开发与管理提出的"四个不"的目标,即:堤防不决口,河道不断流,污染不超标,河床不抬高。

"堤防不决口",要求黄河的防洪安全要有足够的保障,这个保障应建立在两个基础之上,一是靠水库和堤防等控制性工程对洪水的约束,二是靠河流自身排泄洪水的功能,即河床不因人类活动影响发生萎缩,具有容纳和安全排泄现有设防标准以下量级洪水的能力。

"河道不断流",不是指在黄河里简单地维持过流就行,而是要在水资源管理上做到三个保障:保障沿黄居民饮水安全,保障河流生态用水的需要,保障一定经济社会持续发展的水资源供给能力。基于此,黄河应该有一个任何时候都必须确保的基本流量,这一流量既能保证沿黄城乡居民的饮水安全,又能保持河道冲淤平衡,还能维持流域内生态系统平衡。

"污染不超标",是指黄河的水质必须持续满足生活用水和工农业生产用水的基本功能要求。以此标准来反推,对全河污染物排放总量和省(区)污染排放量必须确定严格的控制标准,并有切实的落实措施。

"河床不抬高",就是要通过综合措施解决泥沙问题,在上中游拦减入黄泥沙,在中下游通过人工调控水沙关系,实现河床不淤积,最大限度地保持和延长现行河道的生命力。

只有达到"四个不"的要求,黄河才算是一条恢复健康生命的河流。为此,今后的黄河治理开发与管理,必须更好地掌握和适应河流演变的自然规律,充分考虑河流的承载能力,以人与河流的和谐共处为核心和前提。

三、九条措施是"维持黄河健康生命"的治理途径

针对黄河水少沙多、水沙不平衡的实际,要使黄河达到"四个不"的正常指标,实现"维持黄河健康生命"的终极目标,有九条关键的治理途径和工作措施:减少入黄泥沙的措施建设;流域及相关地区水资源利用的有效管理;增加黄河水资源量的外流域调水方案研究;黄河水沙调控体系建设;制定黄河下游河道科学合理的治理方略;使下游河道主槽不萎缩的水量及其过程塑造;满足降低污径比使污染不超标的水量补充要求;治理黄河河口,以尽量减少其对下游河道的反馈影响;黄河三角洲生态系统的良性维持。上述九条途径和关键措施,核心在于如何解决黄河"水少"、"沙多"和"水沙不平衡"问题,以及如何保持以黄河为中心的河流生态系统良性发展问题。

对于"水少"问题,要积极开展"流域及相关地区水资源利用的有效管理"和"增加黄河水资源量的外流域调水方案研究"。对于"沙多"问题,解决的途径在于"减少入黄泥沙的措施建设"。解决"水沙不平衡"的关键在于"黄河水沙调控体系建设"、"制定黄河下游河道科学合理的治理方略"、"使下游河道主槽不萎缩的水量及其过程塑造"和"治理黄河河口,以尽量减少其对下游河道的反馈影响"。对于以黄河为中心的河流生态问题,重

点在于“满足降低污径比使污染不超标的水量补充要求”和“黄河三角洲生态系统的良性维持”。

四、“三条黄河”建设是“维持黄河健康生命”的基本手段

“维持黄河健康生命”与“三条黄河”建设是新时期黄河治理开发的新理念和新思路。作为黄河治理开发与管理的终极目标,“维持黄河健康生命”的顺利实现必须树立现代水利理念,借助现代科技手段,这种有效的手段就是“三条黄河”科技治河体系。只有借助“三条黄河”的治河体系,才能确保各条治理途径技术先进、经济合理、安全可靠。当前,在“三条黄河”建设体系构建完成、全面实施的情况下,明确和建立长远的治河目标,能够以更高的要求来更好地指导治黄实践。

一个终极目标,四项主要标志,九条治理途径,“三条黄河”技术手段,相互联系,互为作用,组成了“维持黄河健康生命”的理论框架。这是一个具有有机联系的系统工程,涉及水利、自然、政治、经济、社会、生态、环境等诸多自然科学和社会科学理论,实现这个宏伟的目标,需要全社会的广泛参与和共同努力。

第三节 “四位一体”——河南治黄新理念

2008 年,在“维持黄河健康生命”这一治河新理念引领下,河南黄河河务局党组在对河南黄河治理开发已有经验中传承、创新,从建设人水和谐的现代治黄体系出发,将黄河工程、黄河经济、黄河文化、黄河生态“四位一体”作为统领全局的思想线,并逐渐演变为指导河南黄河当前乃至未来发展的新思路:以党的十七大精神为指引,深入落实科学发展观,积极践行可持续发展治水思路,以维持黄河健康生命为己任,紧紧抓住河南黄河面临的突出问题,进一步深化对黄河规律的认识,按照实现治黄“四个转向”的新目标,围绕加快民生水利建设,坚持防汛抗旱并重、治理开发并举、服务社会与自身发展同步的方针,牢牢抓住河南黄河防汛抗旱、防洪工程建设与管理、水资源管理与调度、发展自身经济等重点工作,推进黄河工程、黄河经济、黄河文化、黄河生态“四位一体”协调发展,以基层为本,民生为重,统筹兼顾,努力构建和谐河南治黄的新局面,为促进河南经济社会又好又快发展作出新的贡献。

“四位一体”,把黄河工程、黄河经济、黄河文化、黄河生态作为未来河南黄河发展的不可或缺的四大元素。其中,黄河工程是基础,黄河经济是保障,黄河文化是纽带,黄河生态是目标。它们各自独擎一面,至关重要,又相互渗透,相互依存。

黄河工程是黄河防汛和水资源管理的物质基础;同时,它又是人文景观,见证着人类与河流从索取、给予,到回报和共存的过程,形成了独特的黄河文化;黄河工程建设与管理是黄河经济的基础产业,为黄河经济发展提供了得天独厚的条件;黄河工程及其附属的绿化树木和随之开展的旅游景区建设,极大地改善了黄河的生态环境。

黄河经济是治黄事业发展的支撑和保障,没有经济的发展,就没有治黄队伍的稳定;没有队伍的稳定,黄河工程的建设和管理就无从落实,作为上层建筑的黄河文化也就成为奢谈。

黄河文化是人类在与黄河相处过程形成的有关物质和精神的综合反映；研究和宣传黄河文化有助于提高民族和社会对黄河的了解和关注，进而为黄河治理开发创造更为有利的条件和营造良好的社会氛围，为黄河工程、经济、生态产生文化层面上的持久推动和深远影响。

黄河生态的健康和良性循环是治黄的最终目标，无论工程、经济、文化，一切治理黄河的思想和实践最终都要统一到这个目标上来。

黄河工程、黄河经济、黄河文化、黄河生态如同从不同层面发出的四条射线，互为作用，共同指向一个目标。那就是，以河南黄河的健康生命保障河南沿黄地区经济社会的可持续发展。知实情则顺民意，顺民意则事业兴。在十七大精神的引领下，构建和谐社会成为时代的主题。为此，河南黄河河务局明确提出了"基层为本，民生为重"的管理理念，并将"基层、民生"确定为构建河南黄河"四位一体"的保障和关乎全局发展的重要支点。

在"四位一体"的整体思想框架下，河南黄河河务局党组又将当前的工作目标具体确定为"四个加强、八个确保"。即：进一步加强防汛工作，确保度汛安全，确保沿黄两岸人民群众生命安全，尽最大努力减小灾害损失；进一步加强工程建设和管理，确保年度工程建设和管护任务的完成，确保工程安全、资金安全和干部安全；进一步加强水资源的优化配置、科学调度和精细管理工作，确保生态安全和供水安全；进一步加强经济工作，确保全局经济供给安全，确保河南治黄事业健康、稳定、可持续发展。

如果说"四位一体"的工作思路从宏观上确立了河南黄河未来发展的指导思想，那么"四个加强、八个确保"就是提出了具体的工作要求和目标。"四位一体"和"四个加强、八个确保"的有机统一，共同构筑起河南黄河发展的思想和理念体系。

第四节　治水新理念在豫西治黄工作中的探索与实践

为深入贯彻科学发展观，豫西河务局以水利部"民生水利"、黄委"维持黄河健康生命"和河南黄河河务局"四位一体"治黄新理念为指导，结合豫西地区所处的特殊位置，提出一条符合实际的发展思路：坚持"以防汛为中心，以经济发展及水政水资源管理为重点"的基本方针，树立"四位一体"的大黄河、大经济、大发展观念，充分利用和拓展资源优势、区位优势、政策优势，着力解决好制约发展的关键性问题，力促豫西治黄事业实现大发展、实现新跨越。

一、以"一个中心，两个重点"为基本工作方针

"一个中心，两个重点"即以防汛工作为中心，以经济发展和水政水资源管理为重点。立足保障黄河防洪安全和两岸人民群众的长治久安，进一步优化水政水资源管理和调整经济产业发展结构、拓宽产业发展经营渠道。紧抓防汛工作不放松，确保防洪安全是河务部门立局之本，是一切工作的基础，是首要职责；以经济发展为重点，是提高职工收入水平，稳定治黄队伍，促进治黄事业不断发展壮大的前进动力；以水政水资源管理为重点，是国家水行政法律法规赋予河务部门的权利和义务，必须按照有法可依、有法必依、依法行政、公正执法的原则，为保障防洪安全保驾护航，为确保黄河水资源合理有序开发利用，促

进沿黄经济社会的稳定发展提供良好的环境。

二、以“三点两线”为发展思路

“三点”为小浪底水库、西霞院水库和正在规划实施的河口村水库,“两线”为黄河和沁河,根据河南黄河河务局提出的“三点两线”发展思路,立足当前、谋划长远,紧抓所辖黄河和沁河河道治理,以三个库区水行政管理为核心,建立起一整套关系协调、调控有力、机制健全、运行良好的规范化的库区管理体系和水行政执法体系。通过优化区域资源开发利用,挖掘经济发展潜力,加强水利管理,重点加强水资源管理、库区水域管理、水利工程建设和运行管理、水资源调度管理,强化规划、法规、科技等基础工作和基础保障,强化水利社会管理和公共服务职能。

三、创建水利工程建设管理新模式

为切实加强防洪工程建设管理,2007 年,豫西河务局首次提出争创“优良工程、安全工程、文明工程、效益工程”的建设与管理新模式,于当年在花园镇控导改建工程上应用,取得了良好的效果。由于目标明确,管理到位,参建各方协调有力,花园镇控导工程不仅被评为优良工程,而且确保了工程安全、干部安全、资金安全,创建了黄委“文明建设工地”,实现了工程效益最大化。经过实践检验证明,新模式可操纵性强,符合现阶段黄河水利工程建设管理的需要,符合新时期构建和谐社会、建设民生水利的需要,符合传统水利向现代水利、可持续发展水利转变的需要。

四、廉政文化建设

近年来,豫西河务部门按照党风廉政建设和反腐败工作的总体要求,以艰苦奋斗、勤政廉政为主线,积极开展全方位、多层次、宽领域的廉政文化建设活动。

一是向党员干部发送廉政短信。每逢重大节假日,党员干部每天都能收到清新别致的廉政短信,达到了温馨提醒,警钟长鸣的目的。目前,这种方式已成为豫西河务部门进行廉政教育、传播廉政文化的一种有效手段。

二是创办了《豫西黄河纪检监察信息》。为了及时全面反映在廉政建设方面所做的工作,2006 年,豫西河务部门创办了《豫西黄河纪检监察信息》,内容以党风廉政建设工作开展情况为主,辅以廉政故事、廉政美术书画文字展及廉政漫画等,贴近职工生活,可读性强,深受大家喜爱。

三是为党员干部办公电脑安装廉政屏保。随着办公自动化的大力推进,电脑作为一种办公工具已得到普及。豫西河务部门独具匠心,自行设计制作了多款“廉政屏保”软件,将其装入每位党员干部的个人办公电脑里,成为一道别致的廉政风景线。这一廉政教育方式生动形象、富有现代气息,改变了以往生硬灌输的做法,收到了潜移默化、润物细无声的良好效果。

四是进行勤政廉政宣誓活动。为深入开展廉政勤政工作,自 2009 年起,豫西河务部门于每月的第一个工作日 8:00 举行升国旗仪式,全体党员干部面对国旗进行勤政廉政宣誓,以增强廉政勤政责任意识,提高廉洁自律自觉性。

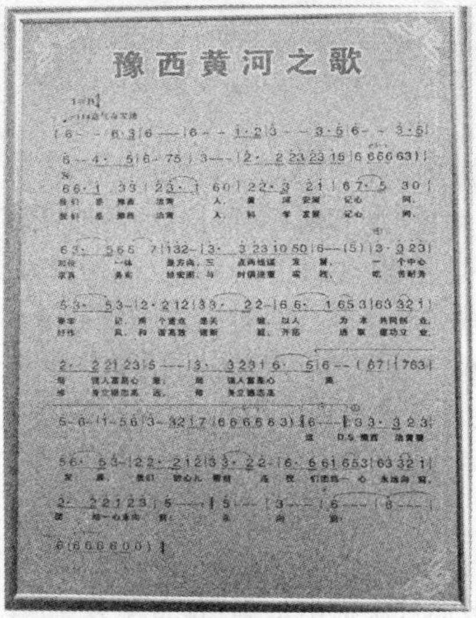

五是传唱《豫西黄河之歌》。为唱响豫西黄河，歌颂豫西治黄，营造风清气正的良好局面，2009 年，豫西河务部门比照《公务员之歌》旋律创作了《豫西黄河之歌》，把它作为局歌进行传唱。歌曲恢宏大气，表现出了豫西治黄人不畏艰苦，奋勇当先的精神风貌。

六是开展给党员过政治生日活动。把入党时间作为每个党员的政治生日，坚持每季度为党员过一次集体"政治生日"。全体党员面对党旗重温入党誓词，畅谈豫西发展大计。

豫西河务部门还开展有廉洁文化进工地、廉政建设谜语竞答、"廉政警示标语"上墙、设立廉政书架、建立领导干部廉政信息档案、与领导干部签订廉政承诺书等活动。

2009 年 8 月 25 日，黄委党风廉政建设培训座谈会在洛阳召开，全河 50 余名与会代表到豫西河务部门现场观摩了廉政文化建设，给予高度评价。

五、科技创新

创新是一个民族进步的灵魂，是一个国家兴旺发达的不竭动力，也是一个政党永葆生机的源泉，这是江泽民同志总结 20 世纪世界各国政党，特别是共产党兴衰成败的历史经验和教训得出的科学结论。

豫西河务部门创新工作始终以服务基层为根本，坚持"来源于基层，应用于基层，推广于基层"的原则，采取"走出去、请进来、储项目、重奖励"的办法，鼓励广大干部职工敢于创新、善于创新。近年来，创新工作取得了丰硕成果，累计创新项目 100 余项，申报创新成果 20 余项，其中，获黄委一等奖 2 项、二等奖 2 项，省局特等奖 10 项、一等奖 6 项、二等奖 4 项。

2006 年，孟津挖掘机手王占国、河道修防工王万社两人合作研制的《挖掘机辅爪与气动润滑装置的研制及应用》获黄委应用技术类创新一等奖、河南局特等奖。2007 年该成果在全河得到推广应用。2008 年 4 月获水利部重点推广项目专利证书，并在黄委应用技术类创新项目展示大会上，得到水利部部长陈雷、黄委主任李国英的高度赞赏。2008 年 6 月在黄委技术工人职称评审中，全河破格提拔 9 名同志，豫西河务部门占 3 名，王占国同志直接从初级工晋升为技师。

目前，豫西河务部门"我为创新提一计，我为创新献一策"的良好局面已经形成，创新之花正在这里绽放。

六、企业体制改革

为深化所属水利施工企业改革，针对企业经济管理体制不健全的问题，2006 年豫西河务局首次在河南黄河内部实行公开招聘，吸纳素质高、能力强的企业管理人员充实到企业管理岗位上，并出台《经济改革方案》，完善管理体系，树立向管理要效益的理念，以绩效管理、项目管理为着力点，进一步规范企业管理，逐步实现由传统企业管理向现代企业管理转变。积极推行企业分配制度改革，建立起能高能低的收入分配有效激励机制，将职工收入与企业绩效和职工的贡献挂钩，进一步调动企业职工的工作积极性，鼓励全局职工想经济、议经济，为经济工作出谋划策、贡献力量，真正形成“千斤重担众人挑”的局面。力争使施工企业在3～5年内达到年产值过亿，具备水利工程总承包一级资质。

第十三章　豫西人文

第一节　豫西名人

一、老子

老子(公元前576～前447年),姓李名耳,春秋时期楚国苦(今河南鹿邑县境)人。他曾做过周守藏室柱下史,即皇家图书馆馆长,长期生活任职东周王都——洛阳,时间长达30多年。居洛期间,他阅读和整理了大量图书文献,熟谙掌故和礼制,后来创作了五千多言的哲学著作《老子》,又称《道德经》,首创了朴素唯物主义的道家学说。

《老子》一书,分"道经"、"德经"上下两篇,共计八十章,五千多言,是道家的经典著作,概括了老子的思想体系,揭示了宇宙本原本体和生物演化的规律,体现出朴素的唯物主义哲学思想。

"道"是老子思想体系的核心。他讲的道这个范畴,不仅有世界本原的意义,更重要的是有发展规律的意义。他以为,世界是"周行而不怠",是发展的,万事万物尽管形式多样,但各有其"道",即发展规律。

老子提出了丰富的辩证法思想,认为世界上的事物都包含有矛盾对立两个方面。他认为有与无是相对而言,是可以互相转换的。提出"有无相生,难易相成,长短相形,高下相倾",即有无在对立中互相生成,难易在对立中互相转化,长短在对立中互相显现,高下在对立中互相依存。

老子还认真观察和总结了矛盾对立双方互相转化的情况,指出"祸兮福所依,福兮祸所伏";"曲则全,枉则直,洼则盈,敝则新,少则得,多则惑",意思是说灾祸中隐藏着幸福,幸福中潜伏着灾祸;曲折能够变安全,弯曲也能得伸张,低洼可以变盈满,陈旧能够变新鲜,少取反而能多获,含多则会变迷惑。由此得出了矛盾对立转化规律,指明了事物向反面转化的必然趋势。

老子还说:"天下之至柔,驰骋于天下之至坚",意思是说天下最柔弱的东西,能够战胜天下最刚强的东西。体现了老子柔软则刚强的辩证法思想,寓事物于变化的深刻哲理。

老子的清静无为学说,在当时社会动荡不安,人们渴望和平、安宁的春秋时期,对统治者来说无疑是治理天下的一个好方法。汉初,统治者就把老子的学说作为治世之术,社会经济出现了稳定发展的局面。在民间出现了道教,尊奉老子为道教的始祖,奉《道德经》为道教的经典。唐朝对老子更加尊崇。唐高宗李治为了提高李唐王朝的门望,于乾封元年(公元666年),追尊老子李耳为"玄元皇帝",并在洛阳建宫奉祀,今洛阳市北邙山之巅的上清宫就是为纪念老子而建。

老子是中国古代杰出的影响深远的哲学家,其思想中的精华——朴素的辩证法思想是我们中华民族宝贵的文化遗产之一，对今天和后世仍将产生重要的影响。

二、苏秦

苏秦（公元前 340 ~ 前 284 年），字季子，战国时东周洛阳人。苏秦少年时，同张仪、孙膑、庞涓等一起跟着鬼谷先生学兵法，专攻纵横捭阖的谋划术。经艰苦奋斗，历经磨难，终于获得了成功，以纵横家而名列史册。

初始，他为求官，未及完成学业，到各地游说，求见周天子不成，又去拜会秦惠文王，也没受到器重。奔波数年，苏秦只好扫兴而归。家人见他无功而返，对他十分冷淡，父母不理睬他，正在织布的妻子不下布机，嫂子不给他做饭。苏秦羞愧万分，又奋发苦读，头悬梁、锥刺股，认真钻研兵法和各诸侯国的情况，提出了齐、楚、燕、韩、赵、魏六国合纵抗秦的主张。

这个主张首先受到燕国的重视，赏他车马玉帛。最后，六国诸侯在赵国会盟，正式订立了合纵抗秦的盟约。为了使苏秦便于处理六国之间的关系，各国都把相印交给苏秦。且说苏秦携带六国相印路过洛阳时，周显王得到消息，亲自派人到郊外清扫道路。苏秦的妻、嫂为了讨好苏秦，匍匐郊迎三十里，仍不敢仰视。苏秦说："过去你们看不起我，现在又这样恭维我，这是为何？"其妻面红耳赤，说不出话来。其嫂巧言花语一番以后，坦率地说："还不是见你地位高了，金钱多了。"苏秦听了，无限感慨地取出千金散发给宗族朋友，便离开了。

司马迁特在《史记》里写有《苏秦列传》，评论说："夫苏秦起于闾阎，连六国从亲，此其智有过人者。吾故列其行事，次其时序，勿令独蒙恶声焉。"还有人将苏秦诘问嫂子的话编写成"前据后恭"的成语，用来形容那些以势利眼处事，前后态度不一致的市侩小人。到了南宋，儒学家王应麟，把头发拴在梁上读书。后人把锥刺股、振奋精神读书的事迹，缩写为"头悬梁，锥刺股"，编进蒙童教材《三字经》里，成为中国家喻户晓的故事，激励着许多代人发愤勤学，苦读成才。

三、许慎

许慎（公元 58 ~ 147 年），字叔重，东汉汝南召陵（今河南偃师）人，有"五经无双许叔重"之赞赏。他是汉代有名的经学家、文字学家（有"字圣"之称）、语言学家，是中国文字学的开拓者。

许慎曾担任太尉府祭酒，师从经学大师贾逵。他历经 21 年于公元 100 年著成的《说文解字》，是中国首部字典，归纳出了汉字 540 个部首。《说文解字》是我国第一部以六书理论系统分析字形、解释字义的字典，它保存了大部分先秦字体以及汉代和以前的不少文字训诂，反映了上古汉语词汇的面貌，比较系统地提出分析文字的理论，是我国语文学史上第一部分析字形、解说字义、辨识声读的字典，也是 1800 年来唯一研究汉字的经典著作，是我们今天研究古文字和古汉语的必不可少的材料。如果没有这部书的流传，我们将不能认识秦、汉以来的篆书，更不要说到商代甲骨文和商、周的金文与战国时的古文了。因此，它不但在过去对汉字研究发生了巨大的影响，对现在和将来的汉字研究仍有巨大的意义。

汉字是世界上最古老的文字,是历史最长的象形文字。今天,人们发现,汉字输入计算机的方便程度,是世界任何一种文字所无法比拟的,当人们开始热衷于研究汉字时,首先会想到许慎。康熙四十六年(1707 年),郾城知县温德裕立"孝廉许公之墓"碑。光绪年间(1875~1908 年),郾城知县王风森立"许夫子从祀文庙碑"。1985 年,许慎研究会第一次会议时,立"重修许慎墓碑记"。目前,许慎祠堂位于河南省漯河市郾城区许慎路。

四、蔡伦

蔡伦(公元 61~121 年),字敬仲,东汉桂阳郡(今湖南耒阳市)人。汉和帝时,蔡伦入宫做皇帝的侍从,后来升任尚方令,负责管理皇室工厂,监造。

洛阳任职期间,蔡伦利用职务上的便利条件,从扩大原材料范围着手,对造纸工艺进行改善。他选用价格低廉、来源充足的破树皮、废旧麻类、破渔网为原料,先把它们洗净切碎,放在水里加上石灰使其充分浸渍沤烂,再使人工反复舂捣,然后煮成糨糊状的麻浆,再把麻浆放到清水中分离出纤维制成纸浆,最后用细帘子捞取纸浆,可堆成薄薄的一层,晒干后揭下来压平研光,就制成了纸张。

从造纸制作工艺上看,蔡伦博采众家之长,采用了洗涤、剪切、沤煮、舂捣、抄制成型、定型干燥等几个基本工序。其中抄制成型、定型干燥是扶风纸、金关纸等雏形纸未曾经过的工序,其中干燥定型使纸张不易起皱,雏形纸发生了质的变化。另外,蔡伦还发明了挫、揭、抄的生产工艺,大大提高了纸的生产效率和纸张的质量。人们为纪念他,称他所创的新型书写材料为"蔡侯纸",将蔡伦造纸之地——马涧河流经洛阳偃师缑氏镇这一段称为"造纸河"。据说,当时岸边曾立一"造纸河碑"记载此事,惜今已佚。

五、张衡

张衡(公元 78~139 年),字平子,南阳西鄂(今河南南阳市石桥镇)人。他是我国东汉时期伟大的天文学家、数学家、发明家、地理学家、制图学家、诗人,为我国天文学、机械技术、地震学的发展作出了不可磨灭的贡献;在数学、地理、绘画和文学等方面,张衡也表现出了非凡的才能和广博的学识。

在南阳期间,张衡致力于探讨天文、阴阳、历算等学问,并反复研究西汉扬雄著的《太玄经》。他在这些方面的名声引起了汉安帝的注意。永初五年(公元 111 年)张衡被征召进京,拜为郎中,后任迁太史令达 14 年之久,张衡许多重大的科学研究工作都是在这一阶段里完成的。

张衡是东汉中期"浑天说"的代表人物之一。他指出月球本身并不发光,月光其实是日光的反射;他还正确地解释了月食的成因,并且认识到宇宙的无限性和行星运动的快慢与距离地球远近的关系。张衡观测记录了 2 500 颗恒星,创制了世界上第一架能比较准确地表演天象的漏水转浑天仪,第一架测试地震的仪器——候风地动仪,还制造出了指南车、自动记里鼓车、飞行数里的木鸟等。

张衡共著有科学、哲学和文学著作 32 篇,其中天文著作有《灵宪》和《灵宪图》等。

为了纪念张衡的功绩,人们将月球背面的一个环形山命名为"张衡环形山",将小行星 1802 命名为"张衡小行星"。

20 世纪中国著名文学家、历史学家郭沫若对张衡的评价是:“如此全面发展之人物,在世界史中亦所罕见,万祀千龄,令人景仰。”后世称张衡为木圣(科圣)。

六、曹操

曹操(公元 155 ~ 220 年),字孟德,小名阿瞒、吉利,沛国谯(今安徽亳州)人。东汉末年杰出的政治家、军事家、文学家、诗人。

东汉末年,董卓率兵占据洛阳,废掉少帝刘辩,立献帝刘协。袁绍是东汉末年汝南汝阳(今河南商水西南)人,字本初,五官中郎将袁成之子,曾任侍御史、虎贲中郎将、司隶校尉等职。董卓占据京都独揽大权以后,袁绍得罪了董卓,逃往冀州(今河北中南部),号召起兵,攻讨董卓,得到各地响应,称雄北方。袁绍部下奋武将军沮授,向袁绍建议说:应该把汉献帝请来,在邺都建立皇宫,这样就可以以天子的名义对各诸侯发号施令,讨伐那些不肯服从的人。后因有人反对,而未能迎献帝。后来,曹操将汉献帝迎至许昌,并在此定都,以皇帝名义号令诸侯。“挟天子以令诸侯”出自《后汉书·袁绍传》:“今州城粗定,兵强士附,西迎大驾,即宫邺都,挟天子以令诸侯,蓄士马以讨不庭,谁能御之?”

在政治军事方面,曹操消灭了众多割据势力,统一了中国北方大部分区域,并实行一系列政策恢复经济生产和社会秩序,奠定了曹魏立国的基础。他精兵法,著有《孙子略解》、《兵书接要》、《孟德新书》等书。

文学方面,在曹操父子(曹操、曹丕、曹植)的推动下形成了以“三曹”为代表的建安文学,史称“建安风骨”,在文学史上留下了光辉的一笔。诗歌方面代表作有《蒿里行》、《观沧海》等诗篇,抒发了自己的政治抱负,并反映汉末人民的苦难生活,气魄雄伟,慷慨悲凉。曹操所作的散文亦清峻整洁,著作有《魏武帝集》。

公元 220 年,曹操于洛阳逝世,享年 66 岁,谥号“武王”,死后葬于高陵。曹操一生未称帝,他病死后,曹丕继位后不久称帝,追谥为“武皇帝”,庙号“太祖”。

七、玄奘

玄奘(公元 602 ~ 664 年),世称三藏法师,俗称唐僧。唐高僧、佛教学者、旅行家,与鸠摩罗什、真谛并称为中国佛教三大翻译家,唯识宗的创始者之一。本姓陈,名祎。洛州缑氏(今河南偃师缑氏镇)人。出家后遍访佛教名师,因感各派学说纷歧,难得定论,便决心至天竺学习佛教。

西游印度 16 年,行程 5 万里,游历了大小 110 个国家。唐太宗贞观三年(公元 629 年,一说贞观元年),从凉州出玉门关西行,历经艰难抵达天竺。初在那烂陀寺从戒贤受学,后又游学天竺各地,并与当地学者论辩,名震五竺。经 17 年,贞观十九年(公元 645 年)回到长安。组织译经,共译出经、论 75 部,凡 1 350 卷。所译佛经,多用直译,笔法谨严,丰富了祖国古代文化,玄奘还把中国古代的哲学著作《老子》和印度已经失传的佛经《大乘起信论》译成梵文,介绍给印度人民,为古印度佛教保存了珍贵典籍,世称“新译”。曾编译《成唯识论》,论证“我”(主体)、“法”不过是“识”的变现,都非真实存在,只有破除“我执”、“法执”,才能达到“成佛”境界。所撰又有《大唐西域记》,成为研究印度、尼泊尔、巴基斯坦、孟加拉国以及中亚等地古代历史地理的重要资料。历代民间广泛流传其故事，如元吴昌龄《唐三藏西天取经》杂剧，明吴承恩《西游记》小说等，均由其事迹衍生。

八、武则天

武则天（公元624～705年），汉族，真名称“曌”。中国正统历史上唯一的女皇帝（唐高宗时代，民间起义，曾出现一个女皇帝陈硕真），也是继位年龄最大的皇帝（67岁继位），又是寿命最长的皇帝之一（终年82岁）。唐高宗时为皇后，唐中宗和唐睿宗时为皇太后，后自立为武周皇帝（公元690～705年），改“唐”为“周”，定都洛阳，并号其为“神都”，史称“武周”。

则天二字是后世对她的称谓。即因武则天当年是在则天门上宣布改唐为周的，更因“则天”二字有“效法于天帝法则”的含义。到唐开元九年（公元721年），在编撰《则天实录》一书时，特用“则天”二字，来称呼这位既是皇后，又当过皇帝的非凡女性。

武则天统治的前期，重用酷吏，严厉打击反对她的元老重臣、勋贵旧族，就此打破大族控制政局，垄断高官的局面；重视文史，裁文史，光耀文史；发展科举，提高官僚队伍的文化素质；开放殿试，增加制举次数和常举难度；重视古建筑的修建，较著名的有长安大雁塔、嵩山少林寺、洛阳龙门石窟和乾陵。武则天本人遵儒、宠道、信佛，她派人把三教之精华汇为一本《三教诸英》。继承了唐太宗的民族怀柔政策和“降则抚之，叛则讨之”的策略，对吐蕃、契丹、突厥等族贵族的侵扰和叛乱，采取了坚决抵抗、讨伐的态度，取得了巨大的成功。

武则天前后执政近半个世纪，上承“贞观之治”，下启“开元盛世”，史称“贞观遗风”。

九、白居易

白居易（公元772～846年），字乐天，晚年以洛阳龙门香山为居，自号“香山居士”，又因曾做过太子少傅，后人又称他为白少傅。他的先祖是太原人，后迁居下邽（今陕西渭南），而他本人却于唐代宗大历七年（公元772年）出生在新郑（今属河南省），后又迁至河南荥阳，卒于唐武宗会昌六年（公元846年），历经德宗、顺宗、宪宗、穆宗、敬宗、文宗等朝。白居易一生做过许多次的官，从校书郎、县尉到刺史、分司东都（洛阳）。他向往洛阳，热爱洛阳，曾两次在洛阳居住和做官，特别是自分司东都到去世，在洛阳度过了他18年的晚年生活，有政绩，有诗作，最后又葬在洛阳龙门香山。

由于白居易的诗书写现实，语文通俗、音韵优美，便于歌颂，所以流传很广。“二十年间，禁省、寺观、邮侯墙壁之上无不书，王公、妾妇、牛童、马走之口无不道。至于缮写模勤，街卖于市井，或持之以交酒敬者，处处皆是”。元稹又说：“予尝于平水市中，见村校诸单兢习诗，召而问之，皆对曰：‘先生教我乐天、微之诗’。固亦不知予之为微之也。”上自禁省、王公，下至牛童、马瞳“之口无不道”，“墙壁之上无不书”，缮写出来叫卖于大街小巷，或闲坐诵读于酒席茶桌之间，甚至洛阳郊外村校老师也在向学童教授白居易的诗。《酉阳杂俎》记载说：有人“白头以下，遍刺自居易诗”，号曰“白舍人行诗图”。这说明各地各阶层的人都很喜爱白居易的诗。1959年新疆婼羌县米兰古城遗址发现的《坎曼尔诗签》便收有白居易的诗，说明他在40多岁的时候，他的诗已在西北边境兄弟民族中流传。元稹又说：白居易的诗在当时已流传国外，新罗国商人到中国搜求白居易的诗，“自云：本国宰相，每以百金换一篇。其甚伪者，宰相辄能辨别之。"唐文宗时代，日本人在从中国入口的货物中发现白居易的诗，进献给仁明天皇，得到相当高的官职。《长恨歌》和《琵琶行》在日本更是广泛传诵，甚至改编为戏曲。由此看来，白居易的诗在他在世的时候，不仅成为中国的珍宝，而且成了国际的精神财富。

十、赵匡胤

宋太祖赵匡胤（公元927～976年），中国北宋王朝的建立者，庙号太祖。

他出身于洛阳夹马营的一个军人家庭，受家庭的熏陶，自幼爱好骑射和练武，并摔打出一身的好武艺，自创太祖长拳，整套拳路演练起来，充分表现出北方的豪迈特性，为中国武术界六大名拳之一，他还发明了"大小盘龙棍"，就是后来的双节棍。同时他还是一个勤学的皇帝。在他幼年时，其父曾一度要他弃武学文，替他请了一位很有学问的先生，给他打下扎实的文化基础，懂得治国平天下的道理，而且养成了爱读书的习惯，据说好学已达到了"手不释卷"的程度。

建隆元年（公元960年），他以"镇定二州"的名义，谎报契丹联合北汉大举南侵，领兵出征，发动陈桥兵变，黄袍加身，代周称帝，建立宋朝，定都开封。

赵匡胤统治时期，吸取唐朝宦官专权、藩镇割据导致灭亡的教训，接受大臣赵普的建议，通过"杯酒释兵权"削夺了武官的权力，从而重文轻武，加强中央集权，使宋朝没有宦官专权、藩镇割据的问题。比起其他朝代，宋朝社会比较安定和公平，文学、哲学、美术、科技、教育等也比较发达。但重文轻武的结果也导致宋朝军事力量不足，和外族战争多以败仗收场。

十一、王铎

王铎（1592～1652年）字觉斯，一字觉之。号十樵，嵩樵，又号痴庵、痴仙道人，别署烟潭渔叟。孟津（今河南孟津）人。

幼时家境十分贫寒，过着"不能一日两粥"的生活。明天启二年（1622年）中进士，累擢礼部尚书。王铎身逢乱世，仕途多变，1644年李自成攻克北京，明崇祯帝自缢于景山。马士英等在南京拥立福王，待为东阁大学士。满清入关后被授予礼部尚书、官弘文院学士，加太子少保，于顺治九年（1652年）病逝故里。王铎博学好古，工诗文。画山水宗荆、关，丘壑峻伟，皴擦不多，以晕染作气，傅以淡色，沉沉丰蕴，意趣自别。山水花木竹石，皆用书中关纽。间作兰、竹、梅、石，洒然有物外趣。尤擅书法，行草宗二王，正书师钟繇，亦多自出胸臆，有《拟山园法帖》，诸体悉备，名重当代，学者宗之。顺治三年（1646年）作《渔舟萧闲图》，收入《历代名贤画粹》；顺治七年（1650年）作《雪景山水图》，收入日本《支那名画宝鉴》；顺治八年（1651年）罢官归里，作《兰石图》卷、《山水卷》，分别收入《新版世界美术全集》、《支那名画宝鉴》。顺治九年卒，享年61岁，谥号文安。

十二、高云峰

高云峰（1906～1976年），女，汉族，出生于河南省洛阳县海资乡高沟卞村。

平乐郭氏正骨创于清乾隆年间，创始人郭祥泰，他受业于名医，并通过长期实践，始创出平乐正骨术。第二代、第三代传人也均为正骨高手。第四代传人郭聘三,不但“潜心祖父业”,而且加以“深邃开拓”“成一家法”,而立之年便成为“闻名海内”的“折肱良医”。他创出一套整复和固定的手法,并提出了内外用药、动静结合的理论。

当郭氏正骨术传到第五代,丈夫郭灿若身患疾患,四处求医,效果甚微,生怕绝技在他手上失传,便冲破“传男不传女”的封建束缚,把绝技传给了夫人高云峰,也就是电视剧《大国医》主角云鹤鸣的原型。

高云峰出生在一个贫苦家庭里,自幼未进过学堂,目不识丁,但聪明伶俐。嫁进郭家后,丈夫郭灿若开始教她读书识字,学认中药,并手把手地教她祖传捏骨。在那个“女人大门不出、二门不迈”的年代里,一个小脚女人,抛头露面,给病人捏骨疗伤,是遭人非议的。

郭家二进院的西厢房是祖传秘方的调配室,每当夜深之时,高云峰就在里面一遍又一遍地辨认着中草药。刻苦勤奋的高云峰,正骨技术水平日益见长,而且为人热情厚道,人们就把她和郭灿若一起称为郭氏正骨第五代传人,取二人“比翼双飞”之意。

因为正骨医术的神奇,在洛阳流传着这样一句话:“天下骨病一石,云峰能医八斗。”在新中国成立后,高云峰做出了一个惊人的决定,把郭氏祖传药方公布于世,造福于大众。

1948 年春解放洛阳城时,陈赓司令员签署命令“平乐郭氏正骨相传数代,享有盛誉,乃祖国民间医学遗产,凡我军将士均应加以保护,不得影响其行医疗疾”。1956 年 1 月,高云峰应邀到北京参加全国政协会议,受到毛主席、周总理的亲切接见,勉励她“多带徒弟,好好为人民服务”。

如今,高云峰培养的学生遍及全国各地。据统计,全国有骨伤系或附院中设有骨伤科的 20 余所中医学院中,有 14 所中医学院骨伤系主任或骨伤科主任曾师从于高云峰。其子郭维淮,是我国中医界第一位“白求恩奖章”获得者。

洛阳正骨医术,目前已成长为我国中医骨科最大的学术流派。

十三、张海

张海,男,汉族,生于 1941 年 9 月,河南偃师人,现任中国书法家协会主席,中国书法家协会学术委员会主任、评审委员会副主任,河南省文联主席,河南省书法家协会主席,第八、九、十届全国人大代表,国家有突出贡献的专家。

其书法四体皆能,以隶书、行书为最著。篆书得力于杨沂孙,行书出自“二王”,草书追张旭、怀素神韵,楷书以《张猛龙碑》为宗。早年隶作求其精美,取《乙瑛碑》之骨肉停匀,《封龙山》之宽绰古雅,《礼器碑》之变化如龙,自家风貌。后潜心研究汉代简书,以行草飞动圆劲的笔触,写庄重醇厚之体,形成了具个性的草隶,为书界所公认。其作品曾赴西德、芬兰、新加坡、日本、加拿大、法国、韩国、香港、台湾等多个国家和地区展出,并参加全国第二、三、四、五、六、七届书法篆刻展览,日中代表书家作品展,中新书法交流展,世界和平年书展等各类展览。作品被收录于《中国新文艺大系》、《现代书法选》、《古今书法选》、日本《临书大系》等百余种作品集,国内博物馆、碑林多有收藏、刻石。《书法》、《国书法》、日本《书道艺术》有专文介绍。出版有《张海隶书两种》、《张海书法》、《张海新作选》、《张海书增广汉隶辨异歌》等。曾获河南省书展一等奖、首届龙门奖金奖、第五届全国书法篆刻展览全国奖。

十四、朱军

朱军,1964 年生于兰州市,祖籍洛阳孟津。自小受兰州军区战斗歌舞团首席单簧管演奏者的父亲熏陶,在 11 岁时便开始学习单簧管演奏。1981 年入伍后成了部队业余宣传队里的一名演员,他由单簧管演奏,到唱歌、说相声、小品、快板、跳舞,无所不干,无所不能。离开部队后,考入了甘肃省曲艺团,1988 年被特招进了兰州军区战斗歌舞团,1991 年进入甘肃省电视台,1993 年朱军进入了中央电视台,成了中央电视台的一名节目主持人。

自 1997 年春节联欢晚会开始,至 2009 年,朱军共主持了 13 届春晚。由他策划并主持的访谈栏目《艺术人生》在播出第二期时就已创下了收视第一的好成绩,他正着手和节目组的同志们一起为把《艺术人生》栏目办成一个精品名牌栏目而努力。

第二节　人文景观

一、三门峡

(一)函谷关

函谷关位于豫陕晋三省交界、河南省西大门灵宝市境内,距三门峡市区约 75 km、灵宝市区 12 km。函谷关始建于春秋战国,后毁于战火。1987 年重修太初宫,1992 年复建函谷关关楼,是一处融道家文化和军事文化于一体的人文游览区。

函谷关是我国历史上建置最早的雄关要塞之一,也是我国古代伟大的思想家、哲学家老子著述道家学派开山巨著《道德经》的灵谷圣地,以名人(老子)、名著(《道德经》)、名关(函谷关)留芳青史,声播海外。前中国道教协会会长玉溪道人闵智亭亲笔为景区题写“道家之源”匾额。

该景区面积 16.9 km^2,分为函谷关和太初宫两大部分。函谷关建于春秋战国之际,“因在谷中,深险如函而得名。东自崤山,西至潼津,通名函谷,号称天险”(《辞海》)。春秋战国以来,历经了七雄争霸、楚汉相争,黄巢、李自成农民起义,以及辛亥革命、抗日战争、解放战争的狼烟烽火,是兵家必争的战略要地。太初宫是我国春秋末年杰出的思想家、政治家、哲学家和文学家老子著述《道德经》的地方,他的著作《道德经》,其思想博大精深,蕴含丰富,涉及天、地、人各个方面,在政治、经济、军事、艺术、伦理、养生等领域都有独到的见解,是世界文化宝库中的瑰宝。自 1992 年以来,函谷关每年都要举行老子诞辰纪念活动,届时海内外旅游者前来朝圣。主要景点有关楼、函关古道、太初宫、大道院、道家养生园、藏经楼、瞻紫楼、鸡鸣台、碑林、蜡像馆、博物馆等 20 余处。

(二)秦赵会盟台

古秦赵会盟台位于河南省三门峡市渑池县城西南 1 km 处,在渑水、羊河汇流的台地上,距义煤集团本部不到 10 km,位于解放军驻渑池某部军营门口。“盟台夕照”是渑池八景之首。

据《史记·廉颇蔺相如列传》记载,秦昭襄王时(公元前 282 ~ 前 280 年),秦国三次发兵攻赵,赵国失利而不屈服。秦为征服赵,又开始政治与外交上的斗争。公元前 279 年,秦昭襄王派人告诉赵惠文王,为使两国和好,双方可在渑池会盟。陪同赵王前往的是赵国上大夫蔺相如。秦王与赵王会饮时,胁迫赵王鼓瑟,并令史官记入秦史,使赵王感到无比难堪。这时,蔺相如正气凛然地强请秦王击缶,亦令赵国史官记入赵史。秦国官员不服,胁令赵国割 15 城给秦王祝寿,蔺相如也迫请秦国割都城咸阳给赵王祝寿。如此针锋相对,舌枪唇剑,直到宴会终了,秦王也未能捞到丝毫便宜,只得与赵王言归于好。为表示偃旗息鼓,停止战争,双方士兵捧土埋藏兵器以示友好,遂成会盟高台。

在漫长的历史长河中,会盟台饱经沧桑,历代不断予以修葺、重建。明万历二十四年(1596 年),知县王之都建亭于台上,后毁于兵燹;清嘉庆十三年(1808 年),知县甘扬声重建碑亭,后又遭损毁。

民国三十年(1941 年),国民党第一战区司令长官卫立煌和章士钊等倡仪重修,由陆军军医监郭昌锦主持,动用建立陆军休养院的经费,历时 4 年落成。台呈梯形立体,四面各砌石阶,顶部竖一碑塔,呈四棱锥形,高 2 m,每面宽 38 cm,东面镌刻蒲城寇遐隶书“古秦赵会盟台”六个大字,其余三面镌刻的是章士钊所书本人填写的《唐多令·景蔺》词一首以及卫立煌、郭昌锦撰写的《重修秦赵会盟台记》和《重建秦赵会盟台记》。“文化大革命”中,会盟台遭受破坏,护台基石和四面台阶被全部拆除,唯存台顶碑塔。

现存的会盟台是 1985 年渑池县人民政府在原存遗迹的基础上重新修建的。地平至亭顶高 22 m,其中台高 14 m。东西两面各砌台阶 52 级。台上亭高 8 m,系双层八角挑檐尖顶式仿古建筑。亭正中竖一四方碑碣,西面为“重修古秦赵台碑记”,东、南、北三面分别为中国著名书法家舒同、楚图南、肖劳的题词。会盟台的修建,使古台重放异彩,再现丰姿。

(三)宝轮寺塔

宝轮寺塔位于三门峡市区西部陕州风景区,原为陕州城内宝轮寺的寺塔。始为唐僧道秀所建,金大定十七年(1177 年)僧人智秀重建,距今已有 800 余年。

目前,寺已毁,唯塔独存。此塔塔门面南,平面作正方形,为 13 级迭涩密檐式砖塔,塔高 26.5 m,塔围 21.6 m,用青灰条砖一顺一丁垒砌而成。塔底有台基和台座。塔的正面

刻有“三圣舍利宝塔”的塔铭，塔身自下而上逐层收敛，每层高度均匀递减，外轮廓呈抛物线形，用菱角牙子砖和迭涩砖层砌出塔檐，秀丽俊俏。每层塔身分别辟有半圆形拱券门、佛龛、窗洞，翼角下有风铎（铁铃），风吹铃动，叮当作响。塔内有塔心室和梯道，可以登临远眺，观赏“黄河远上白云间”的壮景。

游人立于塔四周数丈，叩石、击掌，会听到“呱呱呱”的类似蛤蟆的叫声。叩石或击掌越响、越快，这种蛤蟆叫的声音也就越逼真、响亮，所以当地群众俗称其为“蛤蟆塔”。其实，塔内蛙鸣之声出自回声原理。该塔同北京天坛回音壁、山西普救寺的莺莺塔、四川潼南县大佛寺的石琴，同列为我国古代“四大回音建筑”。现为河南省重点文物保护单位。

2001年6月25日，宝轮寺塔作为金代古建筑，被国务院批准列入第五批全国重点文物保护单位。

（四）黄河古栈道

黄河古栈道位于三门峡大坝下游北岸紧靠黄河的陡壁悬崖上，共有两条。一条离河面较高，一条离河面较低，都是紧挨着石壁的冲击处开凿的。

我国唐代以前多建都关中，为保证首都长安及西北戍军的粮草供应，每年都要经黄河向关中送去大量的粮食，这就是历史上著名的黄河漕运。但作为黄河漕运必经之路的三门峡，水势险恶，来往船只，十之有八要被河水吞没。“鬼门幽幽深百篙，人门逼窄愈两牢，舟人叫渡口流血，性命咫尺轻鸿毛”。从西汉开始，每年枯水季节，都要征调大批人力物力对这一段黄河进行疏通，并修凿栈道。所谓栈道，就是在黄河两岸的峭壁悬崖上凿出一条狭窄的石路，路断处凿上一排深深的四方洞，塞上木桩搭成栈道，供船夫们在上面拉纤上溯。

今天登上古栈道，还会发现开凿在栈道壁上的一个挨一个的四方洞和牛鼻形穿孔。这些四方洞散布在整个栈道的石壁上，有八九百个。古时石洞上钉进木桩，人们借以向石壁攀登。“牛鼻”是系上绳索让纤夫攀援，遇到风浪，还可就近把船拴住。栈道的开凿时间已无法考究，现存最早的石刻是东汉桓帝和平元年（公元150年）。但这方石刻是刻在重修后的栈道上的，可见栈道的开凿时间还要更早一些。栈道上还有魏、隋、唐、宋、明、清的石刻。

二、洛阳

(一)龙门石窟

龙门石窟是中国四大石窟之一,另外三大石窟为云冈石窟、敦煌莫高窟和麦积山石窟。

龙门石窟青山绿水,万象生辉,作为佛教艺术宝库,早在1961年被国务院公布为全国第一批重点文物保护单位,1982年被国务院公布为全国第一批国家级风景名胜区,2000年11月30日,联合国教科文组织将龙门石窟列入《世界文化遗产名录》。2006年1月被中央文明办、建设部、国家旅游局联合授予“全国文明风景旅游区”。2007年4月,被国家旅游局评定为全国首批“5A级旅游景区”。

龙门山清水秀,景色宜人,温泉增辉。自古以来,龙门山色被列入洛阳八大景之冠,唐代大诗人白居易曾说:“洛都四郊,山水之胜,龙门首焉。”龙门石窟就开凿于山水相依的峭壁间。它始凿于北魏孝文帝由平城(今山西大同市)迁都洛阳前后。当时孝文帝深感国都偏于北方不利于统治,而地处中原的洛阳自然条件优越,于是在公元493年迁都洛阳,同时拉开了营建龙门石窟的序幕。龙门石窟经历东魏、西魏、北齐、北周、隋、唐和北宋等朝,雕凿断断续续达400年之久,其中北魏和唐代大规模营建有140多年,因而在龙门的所有洞窟中,北魏洞窟约占30%,唐代占60%,其他朝代仅占10%左右。据统计,东西两山现存窟龛2 345个、佛塔70余座。龙门石窟是我国古碑刻最多的一处,有古碑林之称,共有碑刻题记2 860多块,其中久负盛名的龙门二十品和褚遂良的伊阙佛龛之碑,分别是魏碑体和唐楷的典范,堪称中国书法艺术的上乘之作。龙门全山造像11万余尊,最大的佛像卢舍那大佛,通高17.14 m、头高4 m、耳长1.9 m;最小的佛像在莲花洞中,每个只有2 cm,称为微雕。

龙门石窟是历代皇室贵族发愿造像最集中的地方,它是皇家意志和行为的体现,是书法艺术史,是宝藏,也是佛教文化的艺术表现,但它也折射出当时的政治、经济以及文化时尚。石窟中保留着大量的宗教、美术、建筑、书法、音乐、服饰、医药等方面的实物资料,因此它是一座大型石刻艺术博物馆。

(二)白马寺

白马寺位于河南洛阳城东10 km处,在汉魏洛阳故城雍门西1.5 km处,古称金刚崖寺,号称“中国第一古刹”,是佛教传入中国后第一所官办寺院。它建于东汉明帝永平十一年(公元68年),距今已有近2 000年的历史。

白马寺原建筑规模极为雄伟,历代又曾多次重修,但因屡经战乱,数度兴衰,古建筑所剩无几,人民政府为保存这一著名文化古迹,曾进行过多次修葺。现有五重大殿和四个大院以及东西厢房。前为山门,山门是并排三座拱门。山门外,一对石狮和一对石马,分立左右,山门内东西两侧有摄摩腾和竺法兰二僧墓。五重大殿由南向北依次为天王殿、大佛

殿、大雄殿、接引殿和毗卢殿。每座大殿都有造像,多为元、明、清时期的作品。毗卢殿在清凉台上,清凉台为摄摩腾、竺法兰翻译佛经之处。东西厢房左右对称。整个建筑宏伟肃穆,布局严整。此外,还有碑刻 40 多方,对研究寺院的历史有重要价值。寺内原来还出土了玉石雕刻的弥勒佛像,已被盗往美国。

白马寺大门东走 300 多 m,有一座 13 层的齐云塔,直插云霄。齐云塔始建于五代时期,原为木塔,北宋末年金兵入侵时烧毁。金大定年间重建此塔,至今已有 800 多年历史。

(三)关林

洛阳关林北依隋唐故城,南临龙门石窟,西接洛龙大道,东傍伊水清流,为海内外三大关庙之一,是我国唯一的“冢、庙、林”三祀合一的古代经典建筑群。

1 780 余年来,关林因厚葬关羽首级而名闻天下。这里峻宇连甍,古柏森然,淄素入庙,视为严宫,形成了浓厚的关公文化氛围。明万历二十年(1592 年),在汉代关庙的原址上,扩建成占地 13 多 hm^2、院落四进、殿宇廊庑 150 余间、规模宏远的朝拜关公圣域。兀立于广场上的“千秋鉴”楼,为旧时“灯影锣鼓话兴亡”的所在;分立于大门两侧的明代石狮,赳赳而踞,具有凛然不可侵犯的威严。极富封建意味的大门镶嵌着 81 颗金色门钉,体现了关林的崇高地位和关羽的身后荣耀;立于仪门左右重达 1 500 余 kg 的铁狮,是明代善男信女敬奉关公的遗物,虽历 400 余载风风雨雨,依然肃穆含威;仪门“威扬六合”匾额为慈禧太后御笔,端庄厚重,弥足珍贵;连接仪门和拜殿的石狮御道为海内外关庙所独有,甬柱顶雕石狮 104 尊,百狮百态,圆润生动,毫无石刻的生硬之感,代表了乾隆时期中原石刻艺术的最高成就。

关冢始于汉末,如今绿草如盖,高峻出尘,虽江山已改,而元冢依然。“关林翠柏”是洛阳“八小景”之一,古柏千章,葱茏回合,每当大雨急住乍晴之时,云气如烟,似袅袅香篆,悠悠绕冢流走,奇幻之景,令人拍案称奇。千百年来,关羽作为忠义化身、道德榜样受到了民众的普遍敬仰。他的“忠义仁勇”体现了我们中华民族的精神,由此形成的“关公信仰”这一特殊文化现象,已成为沟通海内外亲情的桥梁和纽带。每年 9 月 29 日在这里举办关林国际朝圣大典,届时,海外关庙人士和宗亲组织云集关林,举行隆重的朝拜仪式。关林成为海内外华人谒拜的圣域,也是驰名中外的旅游胜地。

关羽被过去历代王朝尊为“武圣”,是民间信仰者“忠、勇、仁、义”之楷模。关林古庙会已有 400 多年历史,前往关林朝圣之海内外游客络绎不绝。

（四）天子驾六

洛阳周王城天子驾六博物馆位于洛阳市中心的东周王城广场，东周王城遗址区的东北部，是一座以原址保护展示的东周时期大型车马坑为主体，辅展以东周王城概况、近年来王陵考古的新发现及部分东周时期珍贵文物的“王城、王陵、王器”专题博物馆。

整个博物馆占地 1 700 多 m^2，分为两个展区。步入博物馆大门，首先映入眼帘的是第一展区。分四个板块：一是洛阳地区 5 大都城与当代洛阳相互位置关系的图版；二是东周王城概况；三是王陵的探索与发现；四是珍贵的东周文物。

尤为引人注目的是东周时期大型车马坑展区。这里展示的是 2002～2003 年，考古工作者发掘清理的 17 座车马坑（马坑）中的 2 座。其中北边一座，长 42.6 m，宽 7.4 m，规模系国内少见，其车马呈纵向两列的排放，宛如出行阵列的场面，更显精彩。最令世人瞩目的是唯一一辆“驾六”的发现，以直观清晰的形式印证了古文献中“天子驾六”的记述，这也是世界上唯一一处原址展示的“天子驾六”。

洛阳市周王城天子驾六博物馆，以其精美的文物陈列，壮观的车马坑实景展示，向世人展示了古都洛阳悠远的城建历史、璀璨的物质文化，它必将成为提升古都洛阳的城市文明、向海内外宣传新洛阳的文化窗口。

（五）龙马负图寺

龙马负图寺位于孟津县会盟镇雷河村，是中华人文始祖伏羲氏的祭祀地，也是河洛文化中“河图”的发现地。该寺因有龙马“负图出于孟河之中”而得名，是中原河洛文化寻根问祖的旅游胜地，也是河洛文化中“河图”的发现地，中国易学文化的发源地，距今已有1 600余年。该寺北临黄河，南依邙山，寺前紧邻图河故道，规模宏伟，供殿巍峨，山门峻拔，前有崇邙横卧，后有大河奔涌。2000 年被公布为河南省第三批重点文物保护单位。

龙马负图寺山门峻拔巍峨，钏鼓楼古朴大方。山门东西分立“图河故道”、“龙马负图处”两通巨碑。伏羲大殿，红漆门柱，白玉护栏，雕梁画栋。伏羲大殿内塑着高大的伏羲圣像。殿右侧新塑高 3 m 的龙马像，龙马足踏浊浪，栩栩如生。这里北临黄河，南依邙岭，西望汉陵，东眺叩马，怀念先祖，深感华夏文化源远流长，实为一游览胜地。登临邙山鸟瞰寺院，天地之正气,河山之灵秀,可一眼尽收。过去寺内香火鼎盛,远近驰名。来此拜谒的多是达官显贵和文人雅士,清河南府尹张汉有诗云:“性癖耽奇古,重游河水隈。行过负图里,接近读书台。七月初阳发,先天一画开。归时夸父老,亲见伏羲来。”民国二十一年(1932 年)元月四日,蒋介石偕宋美龄由陈继诚陪同,游览负图寺,并题“河图洛书”四字。

1998 年 10 月,孟津县委、县政府,对龙马负图寺进行了大规模的修复,由当代著名易学家、中国周易学会会长刘大钧教授题写寺名,“龙马负图寺”五字遒劲有力,与峻拔巍峨的山门、古朴大方的钟鼓楼相映生辉。

(六)汉光武帝陵

汉光武帝陵又称原陵、刘秀坟,位于洛阳市北 20 km 处的孟津白鹤乡,南依邙山,北濒黄河,是东汉第一代皇帝光武帝刘秀的陵墓,分陵园、光武祠两大部分,总占地 6.6 万 m^2。墓冢位于陵园正中,高 20 m,周长 500 m。园内还有刻于宋、元、明、清时期的石碑五通,隋唐植柏近 1 500 株,柏体杏香,俗称杏柏,是我国仅有的特殊乔木树种。

刘秀(公元前 6 ~ 公元 57 年),字文叔,南阳人,刘邦九世孙。西汉后期,王莽篡权,刘秀乘农民起义之机起兵,大败莽军,压取农民战争成果建立了东汉王朝,他便是汉光武帝,在帝位 32 年,死后葬于此。光武帝陵为国内少有的陵墓园林,同其他地方皇帝陵寝相比,独具四绝:其一,帝王选陵,特殊一例。历代皇帝选择陵墓葬地,皆是背山面河,以开阔通变之地形,象征其襟怀博达,驾驭万物之志。唯光武帝陵系“枕河蹬山”,一反常规。其二,一园千柏,国内仅有。陵内尚存隋唐植柏 1 458 株,千章古柏,聚植一园,拔地通天,蓊然肃穆。其三,柏体杏质,乔木佳品。陵园古柏为国内少有乔木树种,其木色金黄,质坚性柔,柏体杏香,剖面色美,俗称“杏柏”。其四,汉陵晓烟,奇妙景观。阳春三月,清明前后,逢天朗气清、晨曦初现之时,古柏枝隙间紫烟弥漫,笼罩陵园,状若轻烟,飘似浮云,烟凝云聚,滚腾滴坠,置身园中,如登凌霄,似游仙界。陵内古柏因年代久远,还形成了“苦恋(楝)柏”、“鸟鸣柏”、“汉皇仰卧”等奇特景象。

整座墓园,松柏苍翠,大都可合抱,松柏林中红墙辉映,显得庄严肃穆。陵园中刘秀陵墓高高立于基中,周长 1 400 m,高 20 m,占地约 13 000 m^2。陵墓前有拜殿一座,前通道两旁有 28 株巨柏,传说是赋予刘秀的云台 28 将,如邓禹、吴汉、马武等人。墓前还有许多歌颂刘秀的丰功伟绩的碑刻或碑碣,大都是明清两代作品,而最早的为北宋开宝六年(公元 973 年)的《大宋新修后汉光武皇帝庙牌》,碑文为楷书。

(七)千唐志寨

千唐志寨位于洛阳以西 45 km 的新安县铁门镇,它是全国重点文物保护单位,是我国唯一的墓志铭博物馆。20 世纪 20 年代初,国民党起义将领张钫先生隐居铁门,营造百亩园林,康有为游陕过豫时题名“蛰庐”,千唐志斋博物馆是“蛰庐”的一部分。

张钫生前酷爱金石字画,从 1931 年开始广泛搜罗墓志石刻,兼及碑碣、石雕,陆续运至其故里铁门镇。1933 年前后在其“蛰庐”西隅,辟地建斋,将罗致而来的大部分志石镶

嵌于十五孔窑洞和三大天井及一道走廊的里外墙壁间。其未镶嵌部分,除于抗日战争时期运至陕西捐赠陕西博物馆数百块外,历经变乱,散失不少。现斋内尚存各类藏石1 419件,其中西晋志1件、北魏志2件、隋志2件、唐志1 191件、五代志22件、宋志88件、元志1件、明志30件、清志2件、民国7件,此外尚存有墓志盖19件,以及其他各类书法、绘画、造像、经幢、碑碣等54件。

这里的石刻尤以唐代墓志最丰富,从年代上来讲,上自开国之君李渊的年号"武德"起,经"贞观"、"天宝"之盛世,以迄中唐、晚唐,直至唐末的昭宗李晔、哀帝李柷的"天祐"年号止,280余年。其中包括武则天的改元,安禄山的僭号等,无不尽备。因大部分是唐代碑刻,故名"千唐志寨"。

这些墓志记载着形形色色人物的社会活动,有相国、太尉,有刺史、太守,有雄踞一方的藩镇,有官卑职微的尉丞曹参,也有名流处士、道观尊师,还有深锁内宫、凄凉一生、死后不知姓名和籍贯的宫娥才女等。记录了我国封建社会完整而森严的等级制度。

千唐志斋藏有历代书画大家郑板桥、董其昌、米芾、王铎及近人吴昌硕、于右任、康有为等所作书画石刻,皆为罕见的艺术珍品。千唐志斋为我国唐史研究基地,中原旅游线上一颗明珠,中外专家学者、书画艺术爱好者的必游之地。

(八)洛阳牡丹

牡丹以它特有的富丽、华贵和丰茂,在中国传统意识中被视为繁荣昌盛、幸福和平的象征。

牡丹,是中国固有的特产花卉,有数千年的自然生长和两千多年的人工栽培历史。其花大、形美、色艳、香浓,为历代人们所称颂,具有很高的观赏和药用价值,自秦汉时以药植物载入《神农本草经》始,散于历代各种古籍者,不乏其文。形成了包括植物学、园艺学、药物学、地理学、文学、艺术、民俗学等多学科在内的牡丹文化学,它是中华民族文化和民俗学的组成部分。

早在《隋志·素问篇》中就有"清明次五日,牡丹华",以记载隋朝洛阳人赏花场面。司马光曾用诗将洛阳繁荣景象加以描写:"洛阳春日取繁荣,红绿丛中下万家,谁道群花如锦绣,人将锦绣学群花。"欧阳修在他的《洛阳牡丹记·风俗记》中作了更为详尽的叙述:"洛阳之俗,大抵好花,春时,城中无贵贱皆插花,虽负担者亦然。花开时,士庶竟为遨游。"鄞江周氏的《洛阳牡丹记》中也有记载:"姚黄……故洛人贵之,号为花王。城中每岁不过开三数朵,都人士女,必倾城往观,乡人扶老携幼,不远千里,其为时所贵重如此。"著名诗人刘禹锡的《赏牡丹》中有:"庭前芍药妖无格,池上芙蕖净少情。唯有牡丹真国色,花开时节动京城。”就是对当时人们酷爱牡丹的真实写照。

洛阳牡丹花会的观赏项目和活动项目之多，使游人在对牡丹一饱眼福之余，还可尽情地欣赏夜晚的灯展，白天的庙会及灿烂的牡丹文化——牡丹笔会、牡丹音乐晚会、牡丹诗词碑文、牡丹插花、牡丹盆景艺术展等。洛阳人爱牡丹如痴，从而出现了许多植牡丹能手，画牡丹的画家，写牡丹的科普作家，插牡丹的高手，培育盆景牡丹的盆景家，以及拍牡丹的摄影家等，来到洛阳，会使您感到牡丹与牡丹文化的无限魅力……

洛阳人不仅爱花、种花，还十分好客。每年花会接待中外宾客（国内包括各省、市、自治区以及台、港、澳等地来客，国外包括美、日、俄、泰、法、英、德、意、印、芬等20个国家和地区的游客）200多万人次。

（九）洛阳水席

洛阳水席形成于唐武周时期（公元684～705年），与“龙门石窟”、“洛阳牡丹”并称为“洛阳三绝”。是在中国饮食习俗由分食制转成合食制的过程中，出现最早的同桌而餐的名宴之一，历史上称此为“大唐国风”。因武则天改洛阳为神都，此宴席在洛阳一带广为流传，宋以后流入民间，传承保留至今。虽经过了千年变改，其文化内涵与宴席独特的制作工艺与形式，在中国宴席家族中是仅存的。她是中国宴席文化的活化石，河洛文化的重要组成部分之一。

洛阳水席名称的由来，一是紧扣水席汤水多的特点，二是指似水流云的上菜顺序。它精美的造型、丰富的品种和严格的菜序，令人耳目一新，食之不忘。

水席最初讲究8大碗、8小碗，因为是一道接着一道像流水一样不停的上，而且菜肴多为汤水装，故而得名水席。洛阳水席的格式非常讲究，24道菜不多不少，8个凉菜、16个热菜不能有丝毫偏差。16个热菜中又分为大件、中件和压桌菜，名称讲究，上菜顺序也十分严格。客人到齐坐定后才上凉菜。8个冷盘分为4荤4素，冷盘拼成的花鸟图案，色彩鲜艳，构思别致。水席首先以色取胜，一览席面，未曾动筷就食欲大振。

冷菜过后，接着是16个热菜依次上桌。上热菜时，大件和中件搭配成组，也就是一个大菜和两个略小的中菜配成一组，称“带子上朝”。在水席上，爱吃冷食的人，可以找到适合自己的凉菜，爱吃酸辣菜的人，水席菜能让你辣的冒汗酸的淋漓。有人喜食甜食，第四组甜菜足以让人吃的可口、吃的惬意。如果有人爱吃荤菜，席面上山珍海味、飞禽走兽应有尽有，可尽饱口福。不愿吃荤想吃素菜，以普通蔬菜为原料的素菜，粗菜细作，清爽利口。

汤水多是水席的特色，赴宴人汤菜交替食用，能让人感到肠胃舒适。看到鸡蛋汤上桌，了解当地风俗的人都知道，24道菜已全部上完，这碗送客汤说明水席到了尾声，宾主皆大欢喜，纷纷起身离席。

由于洛阳水席内容丰富，味道齐全，所以它的适用面比一般的宴席宽。上到王宫贵族，下到庶民百姓，人们根据自己的经济实力点菜，丰俭随意，实惠大方。据说唐代时武则天就品尝过洛阳水席，食后赞不绝口。如今，许多品尝过洛阳水席的外国元首和中外宾客也对洛阳水席倍加赞赏。

（十）澄泥砚

澄泥砚产于豫西黄河岸边诸地，以制作工艺独特著称于世，它始于汉，盛于唐、宋，迄今已有近2 000年历史，与后起的端砚、歙砚、洮砚并称为中国四大名砚。

澄泥砚以沉淀千年黄河渍泥为原料，经特殊炉火烧炼而成，质坚耐磨，观若碧玉，抚若童肌，储墨不涸，积墨不腐，厉寒不冰，呵气可研，不伤笔，不损毫，备受历代帝王、文人雅士所推崇，唐宋皆为贡品。澄泥砚以“朱砂红、鳝鱼黄、蟹壳青、豆绿砂、檀香紫”为上乘颜色，尤以朱砂红、鳝鱼黄最为名贵。

华夏澄泥砚不施彩釉，采用科学周密的原料配方，精心的药物熏蒸，特殊的炉火烧炼，使之自然窑变，同窑之中的澄泥砚幻变神奇、色彩各异，无不巧夺天工，不但保持了史书记载的名贵颜色，而且烧制出古砚从未有过的花石纹，其纹理天成，美妙多姿，令人叹为观止。经专家评鉴确认，完全具备古砚“泽若美玉、击若钟磬、易发墨、不伤笔、冬不冻、夏不枯、写字做画虫不蛀”等特点。

华夏澄泥砚是当代集实用、观赏、收藏于一体的高级工艺品，洛阳市政府将此砚馈赠国务院总理李鹏及中外友人，国家领导人李德生、布赫等均有收藏。国画大师潘洁兹、李奇茂（台湾）及书画名家邵华泽、王绮等皆题词赋诗，著名摄影家徐肖冰、侯波专门为华夏澄泥砚摄影拍照。该砚由北京荣宝斋独家经销。

（十一）杜康酿酒

杜康是中国酿酒的鼻祖，被历代酿酒者奉为酒神、酒祖。

杜康酒的发源地位于河南省洛阳南部汝阳、伊川两县的交界处，它北临伊阙龙门，南临伏牛山，距洛阳50 km，地处中原腹地，属山地丘陵盆地地貌。

3 000多年前，杜康在这里偶然受到“空桑秽饭，酝以稷麦，以成醇醪”的启发，反复研试，总结出酿酒之秘，创造了以粮食（秫）为原料的酿酒技术，开创了我国白酒酿造的先河，奠定了中国白酒酿造的基础。自杜康开始造酒以来，民间酿坊林立，其酿酒技艺世代传承，历千载而不衰，终至形成了今日中华大地上品名众多、各具特色，洋洋洒洒，蔚为壮观的华夏酒文化大观园。

自杜康酿酒之后，大到政治、经济、军事、外交、礼仪、宗教、奠祀等重大社会活动，小至宴饮聚会、婚丧嫁娶。酒，作为重要角色，无不浸润其间。“慨当以慷，忧思难忘。何以解忧，惟有杜康”。魏武帝曹操留下的诗句及历代名人对杜康酒的钟情厚爱，更是开创了中国酒文化名人效应的先河。杜康酒酿酒技艺和酒文化始终伴随着华夏文明的进步而发展，并为华夏文明的兴隆昌盛作出了重要贡献。

1972年在周总理“复兴杜康，为国争光”的指示下，古老的杜康酿酒工艺得以传承延续、发扬光大。杜康酒曾被国家外交部定为“国宴用酒”和“馈赠外宾专用酒”，在海外华人聚居区和台湾被称为“思乡酒”。

（十二）河洛奇石

河洛奇石主要出产于黄河、洛河、伊河、汝河。洛阳目前玩石者，多取于伊洛之石，其石，质地坚硬。河洛奇石，千姿百态，近看有润，远看有神，其形、其质、其色皆令人妙生奇想，惹人喜爱。

黄河石构图奔放，粗犷雄浑，洋溢着九曲黄河奔腾咆哮的力度和野性。特别是黄河流域洛阳段发现一种很奇特的太阳石（或月亮石），在石面上产生一种圆如太阳、月亮的图案，有的似东海日出，有的如彩霞满天、月上山岗。太阳石、月亮石是黄河中游的瑰宝，是河洛奇石中色彩最鲜艳、最独有的一个品种。黄河小浪底的黄河石浑圆庄重，图案多以太阳、月亮等风景为主，兼有人物、数字、文字、山川河流多种风格，因小浪底工程竣工后，无法采集而愈显珍贵，属抢救性收藏品。

牡丹石图案呈大小不一的牡丹花图案，花大色纯、瓣瓣清晰、花成白色，古朴典雅；细细品味，似有清香自石上阵阵袭来，给人以亲切、自然、故土情深之感，是收藏之上品。

灵锢石铁褐色，透、漏、瘦诸神具备，以石扣之，可闻金属之鸣，得之不易。

梅花石呈金枝玉叶状，崛乱相连，金镶玉裹，形如寒冬腊梅般叶翠枝疏、浓淡相宜，枝头叶间缀饰百态千姿的鱼鸟虫蝶，石质细腻如玉，被汉武帝喻为国宝、宫中御玩。

紫陶石又名虢石，紫褐色、朱红色或浅白色，上有白色或浅黄色图案，反差大，石质细如玉，构图简捷，清晰生动，极富情趣，深受苏东坡、黄庭坚、欧阳修等名人的宠爱。

鸡血石晶莹温润，红如艳霞，光彩照人。

天黄石质细色艳，油润黄嫩，绵柔温和。

白玛瑙石质坚硬，半透明，玉润晶莹，如山似峰、如人似兽，耐人品味。

雪花石青底白花，点底白花，白差大，对比强，花形如雪花，故名雪花石。

“河洛奇石”的艺术特征，既有以形写神，神韵生动的艺术规律，又符合中国古代美学传统理论“天人合一”的法则。历代珍藏奇石之事迹，古往今来不计其数。目前，洛阳市玩石者已达数千人，洛阳奇石馆等具有相当规模的藏石博物馆也达数十家。

（十三）唐三彩

唐三彩，是中国古代陶瓷艺术宝库中一朵绚丽夺目的奇葩。唐三彩是唐代铅釉陶器的总称，因其以黄、绿、褐（或红、绿、白）3 种釉色为主而得名，在烧制过程中由于铅釉的流动，各色均呈现出浓淡的层次或各色巧妙地交织在一起，形成错综复杂、绚丽多彩的色釉。唐三彩最能体现大唐的盛世风采以及大唐文化的雄浑博大的气度，无论是在造型、装饰，还是在烧制工艺方面，都闪烁着中国古代社会鼎盛时期的艺术光辉。20 世纪初唐三彩在洛阳被首次发现，目前出土的唐三彩多集中于唐代两都：长安、洛阳。

邙山位于洛阳北面、横卧黄河之南，是块风水宝地，汉唐以来成为著名的墓葬区，因而

有“生在苏杭，死葬北邙”的民谚。这里历朝古墓交叉重叠，“几无卧牛之地”。最早发现唐三彩是在清末，清政府兴建开封至洛阳的铁路工程穿过邙山脚下，破坏了此处的无数古迹，而唐墓中出土的珍贵遗物中未曾一闻的唐三彩便就此问世。洛阳唐三彩多集中于隋唐东都城的四郊，即城北邙山，城南关林和龙门，城西谷水一带。在偃师、孟津、伊川等地的唐墓中也多有出土。

洛阳唐三彩品种繁多，内容丰富，囊括了当时社会生活的各个方面。

唐三彩主要用做陪葬明器，有俑像类和生活器皿类。俑像类主要有人物俑和动物俑。人物俑题材广泛，主要有妇女、文吏俑、武士俑与天王俑、镇墓兽等。这些俑神形兼备，以其题材刻画出其不同的性格和特征。贵妇则面部胖圆，肌肉丰满，梳各式发髻，着彩缬服装。文官则彬彬有礼，武士则勇猛英俊，胡俑则高鼻深目，天王则怒目凶狠。制作这些人物俑时，为了增强人物形象的质感，采取了“开相”工艺：对人物的头部多不施釉，仅涂以白粉；在唇和面颊上，添加朱红；对眼眸、眉睫、胡须、巾帽或花钿等，用墨或彩色来描画，以增强写实效果。

吏俑是唐朝社会文臣的形象，在社会上有较高的社会地位和优裕的生活条件。但“伴君如伴虎”，所以这些人物文静端庄、思绪深沉、气派不凡，虽说衣帽齐整、峨冠博带，仍不能掩饰内心的惶恐。武士俑，是唐王朝武装力量的缩影，多为英俊潇洒的年轻战士，有的站立，有的骑马，拉弓射箭，这些大多是初唐的造型。到武则天时出现佛教中金刚造型的天王俑。武则天和唐中宗时期，武士俑和天王俑并见，以后则只见天王俑。

唐三彩器胡人、乐舞、杂技俑从另一个侧面表现出唐人生活的多样化，可谓千姿百态、色彩纷呈。再现了唐代盛世时中原与边疆各族人民友好相处、中外频繁交往的情景。

三、济源

(一)济渎庙

济渎庙，全称济渎北海庙，为国家重点文物保护单位，坐落于济源市西北济水发源地，是古“四渎”唯一一处保存最完整、规模最宏大的历史文化遗产，也是河南省现存最大的一处古建筑群落，被誉为中原古代建筑的“博物馆”。古时济水因独流入海，与长江、黄河、淮河并称“四渎”。隋开皇二年(公元 582 年)朝廷为祭祀济渎神建庙，又名清源祠。

济渎庙坐北朝南，总体面积布局呈“甲”字

形，总面积 86 255 m^2，现存古建筑 72 间，占地 10 万余 m^2，为河南省现存规模最大的古建筑群之一。现存建筑，在中轴线上有清源洞府门（山门）、清源门、渊德门、寝宫和临渊门，龙亭、灵源阁等；两侧有御香殿、接官楼、玉皇殿和长生阁等。清源洞府门系三间四柱挑山造木牌楼，为河南省文物价值最高的古建筑。主体建筑排列在三条纵轴线上，前为济渎庙，后为北海祠，东有御香院，西有天庆宫。这里朱门重重，庭院深深，古柏参天，碑碣林立，绿水环绕，曲径通幽，亭台楼榭，交相生辉，不仅是古代祭祀圣地，更是典型的北方古典园林，因此为今日济源胜景之一。

济水在中国古代文明的形成和发展进程中有着不可或缺的作用。济水源头，滋养了中国第一个奴隶制王朝——夏朝的首都原城；济水贯黄河而自清，历曲折而如海的独特流向，凝铸了中华民族含贞自洁、威武不屈的高贵禀性；历代文人仕子对济水的歌咏之作，也成为中华文学宝库中永不凋零的奇葩。

（二）愚公村

中华愚公村位于济源市王屋镇，相传这里曾是老愚公吕三太的故里，原有五孔残洞和一棵古槐、一口古井，但因经年历久，树枯洞毁。愚公洞 1998 年重修，五孔石砌窑洞作为展室。愚公井也称洗参井，泉水甘甜，千年不竭。相传后晋时仙人燕罗子在此耕田获人参，洗食后得道升天。愚公移山纪念馆台地建筑，由群雕、碑廊、洞天桥、智叟亭、村碑及绿化美化工程组成，建筑面积 3 000 m^2，1992 年 10 月落成。愚公移山群雕形象地再现了老愚公带领他的子孙们共同挖山修路的情景。碑廊正面有毛泽东、江泽民、李鹏、李先念、陈云等党和国家领导人的题词。“中华愚公村”巨型卧碑由方毅题写，堪称艺术佳作。

愚公移山本是《列子·汤问》中的一则寓言故事。相传太行、王屋两座大山，四面各七百里，高达七八千丈。它们原来位于冀州的南部、黄河北岸的北边。北山脚下有个叫愚公的人，年纪将近 90 岁了，面对着山居住。愚公苦于山北面道路阻塞，进进出出曲折绕远。愚公家门前有两大座山挡着路，他决心把山平掉，另一个老人智叟笑他太傻，认为不能。愚公说：“我死了有儿子，儿子死了还有孙子，子子孙孙无穷无尽的，两座山终究会凿平。”后因感动天帝，天帝命大力神搬走两山。用来比喻以顽强的毅力和不畏艰难的必胜信念去征服自然、改造世界。

1945 年 6 月 11 日，毛泽东主席在党的“七大”上赋予愚公移山新的含意，于是誉满中外。千百年来，愚公精神成为我们华夏儿女艰苦奋斗、坚韧不拔的精神象征，是中华民族的宝贵精神财富。

（三）济源天坛砚

济源天坛砚为传统名砚，亦称盘古砚、盘砚，因其砚产于河南济源之盘古、天坛山、砚山等地而得名。天坛砚历史悠久，据济源市梨林乡汉墓考古发现推算，天坛砚早在东汉时期已有制作，唐开元年间（公元 713 ~ 741 年）已经开始批量生产，清代天坛砚发展到鼎盛

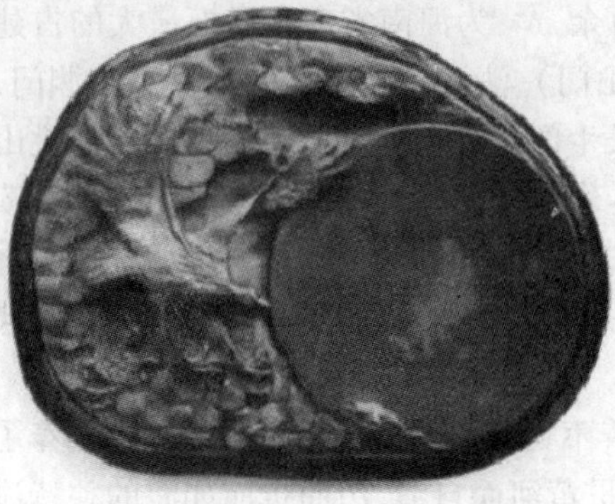

时期。

天坛砚的设计制作大多因石赋型、以石立意、因材施艺,依具砚材的自然成色和不同纹路及外观,精心揣摩,力求达到工艺与自然的和谐。天坛砚的造型基本可归纳为几何砚、象形砚和随形砚三大类。

天坛砚石质纹理缜密,坚润细腻,柔而不绵,钻而不刚。色泽晶莹似碧玉,璀璨如琥珀。研磨墨汁发墨保湿,纯净均匀,宜书宜墨,不损毫端,素有“盘墨宝色”之称,素为历代书画家所珍爱,被誉为色如琼玉、声似木鱼、贵赛琥珀、价胜和璧的砚中佳品。

第三节　自然景观

一、三门峡

(一)豫西大峡谷

豫西大峡谷风景区位于豫、秦、晋三省结合部的三门峡市卢氏县官道口镇境内,国家AAAA级风景区。

豫西大峡谷风景区峡谷内飞瀑高悬,溪流淙淙,潭幽池清,乘橡皮舟挥桨击水、穿流于翠岑幽谷之间,尽享峡谷漂流激情,龙泉沟原始森林区峰峦叠嶂、古藤缠绕,野生锦鸡、松鼠、草鹿嬉戏其间,野趣横生,民谷—天井窑院内剪纸、皮影戏、木偶戏、猴戏等民俗荟萃。这一切构成了美丽奇特的峡谷风光和引人入胜的豫西民俗风情画卷,实为绝妙的旅游胜地。豫西大峡谷风景区和玉皇山原始森林、汤河温泉裸浴风情区、九龙洞风景区连为一体可谓是豫西旅游的首选。

豫西大峡谷呈东西走向,像一条由西向东延展的飘带,总长度30余km,宽度30 m到50 m,深度50 m到200 m,两侧山峰最高海拔1 111.20 m、最低620 m。狭长而深邃的峡谷河流滩多水急,由大大小小99级瀑布及300多个潭池组成。每当汛期来临,潭上飞珠溅玉,雾气腾腾,声响如雷,气势磅礴;风和日丽时节,瀑布则如白练悬空,皎美绝伦。漫步风景区,只见青山如黛、幽谷叠翠、银练飞泻、野花丛生,宛如一幅绝妙的山水画卷,能给人以极好的视觉享受和心理享受。峡谷内几处悬崖绝壁势如刀削,两旁植被丰茂,满谷苍翠,石峰形态各异,峰峰相连如画卷,畅游其间移步换景,别具风韵。每逢云蒸雾绕之时,山峰宛如空中楼阁,点缀于缥缈云海之间,望之倍感心旷神怡。

(二)仰韶大峡谷

渑池仰韶大峡谷位于河南省小浪底库区南岸,地处渑池县北部的韶山余脉。大峡谷以奇美、秀美、壮美的风格,被誉为河南省“三点一线”精品旅游线上的一颗明珠。

峡谷全长50余km,南起渑池县段村乡南岭村核园,北出新安县峪里乡入小浪底水库,由仙峡、龙虎峡、神龟峡、金灯峡4部分组成,4段峡谷各有千秋,相得益彰。仙峡长约

4 km,南起核园,北至南岭村,峡内林木翠葳,苔藓满石,起伏跌宕,险峻无比;神龟峡长约 8 km,南起南岭村,北至金灯河村,峡内潭泉相连,奇石满布,林密峰秀,秀美如画;金灯峡南起金灯河村,北从新安县峪里乡境内入黄河,峡内峰回路转,奇峰陡立,气势恢弘,壮美如歌;龙虎峡古木遍布,洞庵迭现,曲径通幽,宛如仙境。

仰韶大峡谷因两岸高山阻隔,人迹罕至,是一块养在深闺人未识的处女地,堪称桃园仙境、天然氧吧、潭瀑大观、奇石宝库。据初步调查,景区总面积为 56 km^2,峡谷内有泉潭 49 个,奇石 500 余块,秀峰 20 余座,已发现有悬棺群的寨沟约 8 km,待考察的还有卧羊峡、黑龙洞沟、天桥腰沟和白杨树等。仙峡和神龟峡中的断潭以及龙虎峡断层叠出,险峻无比。龙虎峡寨沟的悬棺群神秘莫测,令人遐想。

仰韶大峡谷具有独特的观赏性。峡谷内各类景观组合较好,奇峰、断壁、瀑布、奇石、泉潭、悬棺、奇水、异卉,各类自然景观一应俱全;峡谷内看点集中,步游景换,时迁景异。省市有关专家和业内人士称:仰韶大峡谷不论是规模还是品位,在国内罕见,具有很大的开发价值。

二、洛阳

(一)白云山

洛阳白云山位于河南省洛阳市嵩县南部伏牛山腹地,是国家级森林公园、国家级自然保护区、国家 AAAA 级旅游景区、中国十佳休闲胜地。

白云山地处暖温带与北亚热带过渡地带,平均海拔 1 800 m,海拔 1 500 m 以上的山峰有 37 座,其中玉皇顶海拔 2 216 m,为中原第一峰,是看日出观云海的最佳处。夏季最高气温不超过 26 ℃,动植物资源十分丰富。据调查,有动物 204 种,植物 1 991 种,森林覆盖率达 95% 以上,被专家学者誉为“自然博物馆”。

白云山景区地跨长江、黄河、淮河三大流域之水于一峰,集三河之灵于一山,为中原独有,堪称“中原山水大观”之绝品。区内有以中原第一峰玉皇顶、鸡角曼、仙人桥为代表的奇石险峰景观;以高山杜鹃林、万亩原始森林、唐代银杏林为代表的森林景观;以九龙瀑布、珍珠潭、黄龙井为代表的瀑潭景观;以留侯祠、玉皇阁、乌曼寺、云岩寺为代表的人文景观;以云海日出、鸡角晚霞、金秋红叶为代表的物候景观。整个景区融山、石、水、洞、林、草、花、鸟、兽为一体,雄、险、奇、幽、美、妙交相生辉。

白云山林深谷幽,奇峰俊秀,白云悠悠,置身白云仙境,总有“人在画中游,云在树上飘,水在空中舞”的美感。李长春视察洛阳白云山景区时题词“中原名山”。穆青题词“白云天下秀”,著名书法家启功先生挥毫“人间仙境白云山”。

(二)木札岭

木札岭位于洛阳市嵩县东南部,伏牛山腹地,东与石人山为邻,西与白云山相望,311 国道穿越景区,是国家 AAAA 级旅游景区,伏牛山世界地质公园,国家级自然保护区,为河南省首家原始生态旅游区。

木札岭地处“秦岭—淮河”一线南北重要地理分界线上,总面积 40 km^2,跨越北温带与亚热带过渡区,占据生物原生系统保存最为完整的伏牛山中心部位。

木札岭原始生态旅游区,总面积 125 km^2,森林覆盖率达 98. 5% ,植物 1 886 种,高等级动物188种。庞大而严密的动植物生物链无一不显示着大自然的神奇造化,这里夏季日均气温不超过26 ℃,是避暑休闲、探幽养生的最佳去处。木札岭原始森林是植物的王国和动物的乐园,其中包含有领春木、中华龙鳞榆、石楠藤等1 886种和金钱豹、香獐、羚羊等188种高等动物。

洛阳木札岭整个区域由九撞沟、原始森林、官帽峰三大游览区组成,有天河瀑、白龙撞、鲁班岭、官帽峰等景点200余个。

洛阳木札岭八景包括:官帽天成、天河飞瀑、古木幽林、灵石妙趣、流泉映翠、云海仙镜、松桦月影、木楼逸情。山上千年古树,一片树的海洋;山下飞瀑遍地,雨花潭、白龙瀑、龙井、龙潭,或跌宕,或细流,形态各异,景象万千。

原始林海、古木参天、奇峰凸现、景象环生,完整的原始生态系统中原罕见,造型奇特的石景北国少有,是原始古老神秘莫测的处女地,更是人们生态旅游、回归自然的天堂。

(三)鸡冠洞

鸡冠洞位于河南洛阳栾川县城西3 km的小双堂沟内,属伏牛山系,海拔1 021 m,山势雄伟,孤峰卓立,植被覆盖密集,四季景致不同:春季嫩芽吐蕊,夏季绿树成荫,金秋红叶似火,严冬银装素裹,再加上丛林中亭台小庙错落纵横。鸡冠洞形成于约6亿年前的早中更新纪,发现于唐贞观年间,山清、水秀、石奇、洞幽,四季成游。春天,春花烂漫、十里飘香;盛夏,浓荫蔽日、飞瀑流泉;金秋,红叶满山、层林尽染;隆冬,冰挂银条、松柏凝翠。区内一山,山中一洞,山以形名,洞以山名,故曰"鸡冠洞"。

鸡冠洞属天然石灰岩溶洞,地质学上称其为"喀斯特岩溶地貌"。据专家考证,它形成于早、中更新纪,诸多景观在8亿年前就已定形。

鸡冠洞洞深5 600 m,上下分五层,落差138 m。目前已开发洞长1 800 m,观赏面积23 000 m^2,共分8大景区,依次命名为玉柱潭、溢彩殿、叠帏宫、洞天河、聚仙宫、瑶池宫、藏秀阁、石林坊。洞内峰回路转,曲径通幽,景观布局疏密有致,钟乳石、石笋、石柱、石幔、石瀑、石花、石盾、石珠、石琴、莲花池、透明石等景观,形态各异,姿态万千,如弥佛行吟,神态庄严;似百兽觅食,气势狰狞;这边老翁含笑,那厢童子拍手;有桥似层层彩虹横跨,有塔如朵朵灵芝压叠;石林耸秀,石花吐芳;石帷垂挂,看临风欲动;石瀑飞溅,听似轰然有声;天狗寻月、鲤鱼戏水、鳄鱼拜寿、八仙过海、白虎拉玉峰、金龟渡仙翁……天然成趣,令人目不暇接。更有庞大的石琴,以石击之,可奏出美妙乐曲,袅袅的琴音与洞中地下河的潺潺水声融在一起,给鸡冠洞增添了无穷的魅力!

鸡冠洞景区是我国长江以北罕见的洞穴旅游景区。洞中一年四季恒温18 ℃,严冬季节,洞内热浪扑面,暖意融融;盛夏酷暑,洞中寒气侵袭,清神爽心,爽凉宜人。被誉为"自然大空调"。

(四)黛眉山

洛阳黛眉山世界地质公园位于秦岭与太行山的过渡地带,黄河小浪底水库上游南岸,处洛阳市新安县境内,分为龙潭峡、荆紫山、黛眉山、青要山和万山湖五大景区,面积约328 km^2。是一座以沉积构造遗迹和地质地貌景观为主,以地质灾害遗迹、典型矿产和水体景观等相互辉映为特色的综合型地质公园。

公园由一系列具有特殊科学意义和美学价值,能够代表本地区地质历史和地质作用的地质遗迹组成。厚达 820 余 m 的中元古界紫红色石英砂岩,构成了黛眉山的主体;波痕、泥裂、交错层理等沉积构造遗迹的种类多达数百种,是反映距今 12 亿年前后华北古海洋沉积特征的天然博物馆;在新构造运动背景下经流水深切形成的红岩嶂谷群地貌,是研究黄河演化贯通的有力佐证;龙潭峡内由崩塌作用形成的天碑,高达 50 余 m,昂首挺立,直指苍穹,是大自然造就的一座天然丰碑;小浪底水库的建成,在公园内形成面积达 168 km^2的万山湖,高峡平湖,港湾交错,山水交融,水光潋滟。黛眉山,一颗万里黄河上璀璨明珠,一幅"红石韵,黄河魂"的锦绣画卷。

(五)重渡沟

重渡沟位于栾川县潭头镇西南部,距洛阳市 118 km,因东汉光武帝刘秀二渡伊水至此,摆脱王莽追杀并成就帝业而得御赐之名,是河南省目前最具活力的十大热点景区。重渡沟由金鸡河、滴翠河、水帘仙宫等景区组成,有景点 200 余个,旅游面积 30 km^2。

重渡沟景区内林茂草丰,雉飞鹿鸣,花鲜果稠,野趣横生。重渡沟树奇石峻,洞幽潭静,飞瀑流泉,绕岚斜虹,栈道梯悬,猎猎古风。金鸡河、滴翠河为两条常年性河流,最小流量 0.5 m^3/s。即使持续干旱,赤地千里的炎炎盛夏,或白雪皑皑,滴水成冰的凝凝隆冬,景区内依然碧波翻浪,瀑声震天。重渡沟景区内有竹林千亩,多生于河边路旁,翠竹碧水交织,肥鸭壮鹅嬉戏,具有典型的水乡风光,在中原堪称一绝。被著名作家张一弓赞誉为"高峡飞瀑藏幽径,绿水秀竹怀古情""竖看山水横看竹,上听鸟语下听泉"。

金鸡河景区位于重渡沟西南部,景区全长 3 km,景区入口距河水发源处相对高差 340 m,金鸡河是由喷涌而出的剑插泉、象吐泉、铸链泉、天井泉等汇集而成的一条常年性河流。以水为斧凿融会大自然的神工天力,造就了以水为主旋律的金鸡河景区,景区内有 5 m 以上的瀑布 30 余条,30 m 以上的瀑布 5 条,最长瀑布 100 余 m,最宽瀑布 8 m 以上,是一个庞大的瀑布群,构成一幅瀑布成群潭成串、林密石怪传说奇的梦幻景观。

滴翠河景区位于重渡沟西北部,全长 5.5 km,有天女植竹,竹翠欲滴,碧水清流在竹林中穿行而得名。景区内有竹林千亩,铺天盖地、遮天蔽日的竹海绘成了滴翠河景区的主画面。

水帘仙宫景区位于滴翠河上游的石灰窑沟内,由水帘仙宫瀑布、水帘仙宫、仙翁登坛、千年豹榆、壁虎情缘等景点组成。水帘仙宫瀑布长 70 m、宽 8 m。水帘仙宫高 20 m、宽 10 m、深 40 m,这里是典型的溶岩结构再辅以造物主的匠心独运,琢磨出多处奇妙无比的景观。

(六)龙峪湾

龙峪湾国家森林公园位于河南省洛阳市西南 165 km 处的栾川境内,观赏面积 300 余 km^2,目前已开发 12 个景区 218 景点,是河南省十佳山水景区,全国文明森林公园,国家 AAAA 级景区和国家级自然保护区。

境内山巍、水澈、峰奇、石怪、洞幽、瀑壮、泉清,森林茂密、植被原始、奇峰林立、古木参天,有黑龙潭、白马潭、仙人瀑布、彩虹瀑布、青龙瀑布,仙人洞、藏兵洞、贞女洞、帽盔洞。

中原第一峰——鸡角尖,海拔 2 219 m,壁削刀仞,云雾缭绕,旁有百亩千年太白杜鹃园,每年 5 月竞相绽放,花冠如拳,壮似钟铃,七色花朵飘逸着醉人花香。原始森林古木盘根,遮天蔽日;万亩落叶松林里旱莲遍布,厚厚松针犹如地毯,形成天然大氧吧。园内有植物1 900多种，中草药800多种，珍禽异兽200多种。这里气候凉爽，最高温度不超过21 ℃，是理想的避暑度假胜地。公园内旅游设施完备，境内道路全程硬化，供电供水设施完善，有专职导游服务，集餐饮、住宿、娱乐、购物为一体，日可接待游客3 000人。别有风味的野味餐饮将使您大饱口福，丰富您的假日生活，是避暑、度假、聚会、疗养的最佳场所。

游国家森林公园——龙峪湾，品原始生态，吸万亩氧吧，休闲健身，心旷神怡，飘然如仙境；登中原雄奇首峰鸡角尖，观云海日出，赏千年杜鹃，饱揽风光，回归自然。

（七）花果山

花果山是地处洛阳市宜阳县西南部的女儿山，俗名石鸡山。山与嵩县、洛宁毗邻，距洛阳市区90 km。花果山属冰川期地貌，群峰点点，林涛起伏，重岩叠嶂，山石奇特，景色十分秀丽。1991年被国家林业部定为森林公园。

公园总面积180 km^2，主景区48 km^2，主峰海拔1 831.8 m。主要景区有北部、南部、石院墙、七峪沟、大里沟、岳顶山等，景点以天然石猴、水帘洞、唐僧石、摞摞石、寒心石、登云梯、玉皇顶等较为出名。花果山以古典名著《西游记》所描述的“孙大圣的老家”而著称于世，主要景点136处，和《西游记》密切相关的景点很多。孙悟空的出生地——娲遗石、惟妙惟肖的猴石、八戒石、沙僧石、栩栩如生的唐僧崖，以及七十二洞、定海神针、仙砚、拐杖柏、晒经台、团圆宫等，特别是水帘洞更是名闻遐迩。发迹于唐、重建于宋、敕赐于明、兴盛于清的苏北香火盛地三元宫，以及极具文史价值的郁林观石刻和建于北宋的阿育王塔，还有屏竹禅院、义僧亭、茶庵、九龙桥等都是著名的名胜古迹。

（八）天池山

天池山森林公园位于河南嵩县西北部，距古都洛阳仅98 km，4万亩的景区内栖息和生长着野生动物184种，植物1 800余种，森林覆盖率高达98.57%，年平均降水量812 mm，年最高气温28 ℃，主峰王莽寨海拔1 859.6 m，景区道路平缓，舒适安全，便于游览，是中原大地一处风格独特的旅游胜地。

景区内山间层峦叠嶂，峡谷深涧，森林茂盛，绿荫如盖，石洁如洗，水清如滤，有以天池、玉女溪、二郎沟、飞瀑为代表的瀑潭景观；以飞来石、石鹰、青石峡、群乳峰、玉兔峰为代表的险峰奇石景观；以原始森林、杜鹃、水杉、落叶松为代表的森林景观，以春杜鹃、夏牡丹、秋红叶、冬雾凇为代表的物候景观，以及王莽撵刘秀时在此作战屯兵的大寨、小寨遗址，唐朝佛寺以及春秋战国时期的韩王墓为代表的人文景观。景区分水、石、林、人文四条旅游线路，整个景区山、石、水、林、花、草融为一体，雄、险、奇、秀、幽交相辉映。两步一潭，三步一瀑，五步一景，看山花烂漫，听泉水叮咚。置身其中，宛如世外仙苑。

杜鹃岭对面的飞来石呈现出令人敬仰的伟人仰卧奇观。两块巨石相连酷似开国伟人仰卧姿态，站在杜鹃岭上瞻仰如此神似的伟人仰卧形态，令人赞叹不已。伟人仰卧巨石上，有三块大小不等的巨石压在伟人石上方。就像是伟人生前没有解决的三件大事，压在主席心头，那就是台湾没有统一，港澳没有回归。如今香港和澳门回到祖国怀抱，主席心头的那两块小石头开满了簇拥的鲜花，只剩下一块大石依然光秃秃的。也许，当台湾回归祖国、两岸实现统一的时候，那块大石也会鲜花簇拥绿树环绕吧……

（九）神灵寨

神灵寨国家森林公园、国家地质公园位于河南省洛宁县城南25 km的熊耳山北麓，总面积53 km^2，最高峰海拔1 859.6 m，景点160余个，植物2 000余种，动物300余种。景区山峦叠嶂，怪石密布，奇峰林立，石瀑高悬，茫茫林海，郁郁葱葱，无山不绿，有水皆清，春夏秋冬景色各异。景区融地质奇观、人文景观于一体，兼具北方山水之雄浑和南方山水之秀美，是河南省十大生态旅游基地之一。2002年以来，景区先后被评定为“国家森林公园”、“国家地质公园”、“中国美术家协会写生基地”、“中国林业科研基地”等等。

《史记·封禅书》所谓“神灵之休、福佑兆祥”，即神灵寨名之由来。寨顶神灵岳庙原为道观，后被汉高祖刘邦封禅为庙，历来为道教朝拜圣地。白居易、王铎在此曾留下“村杏野桃繁似雪，行人不醉为谁开”、“寻常阅尽浮云事，花开花落满旧溪”的佳句。神灵之春，花的海洋，别样浪漫；神灵之夏，绿的世界，清幽静爽；神灵之秋，层林尽染，红叶如诗；神灵之冬，玉树琼花，银装素裹！

三、济源

（一）五龙口景区

五龙口风景区位于河南省济源市东北15 km处，面积128 km^2，分温泉、盘古、沁河、愁儿沟、白涧沟五大景区，共有自然景观和人文景观68处，是一处以自然景观为主，以猕猴、温泉为特色的山岳型风景区，也是国家级猕猴自然保护区，景区现有猕猴12大群3 000余只，而且是地球纬度最北的猕猴群落。2002年8月被评为国家AAAA级旅游景区，2004年4月被评为河南省文明景区。

五龙口古称枋口，它集山水、古迹、稀有动物、温泉于一体，是休闲度假、观光旅游的理想去处。

秦渠枋口、五龙口古称枋口。因秦时即在沁河出山处开凿秦渠，引水灌田，以核对枋木为闸，故名枋口。它开创了隔山取水之先河，也是最早利用水流弯道原理的水利工程，不淤不塞，利泽至今，因此具有很高的科学研究和文物价值，是我国古代四大水利工程之一，可与都江堰媲美。从两汉、三国、隋、唐至宋、元都曾扩建，到了明代万历年间，在沁口附近相继开挖了利丰、广济、广惠、永利和兴利五条水渠，形成了五龙分水之势，所以又称五龙口。

在枋口，沁河截山而出，两岸断壁如削，幽谷碧波荡漾，风景十分迷人，东汉明帝刘庄在这里专门为女儿刘致赐建沁园，其精美别致为后世称道，被作为公主花园的代称。隋唐时代，官宦名流来游者甚多，直至金辽时期仍为官僚宴游之地。

这里河水急湍，两岸断山如削，有“石笋高”、“薜荔壁”、“蒙泉”、“箭过顶”等胜景，风光秀丽，景色宜人。入春时雪消山瘦，桃花夹岸；盛夏若秋风送爽，烦暑顿消。行人至此，心旷神怡，素称“沁江秋风”，为济源九景之一。唐代大诗人白居易来此游览，曾写下这样的名句：“济源山水好，老尹知之久，常日听人言，今秋入吾手，孔山刀剑立，沁水龙蛇走，危磴上悬泉，澄湾转枋口。”

景区内的阳洛山上植物茂盛，有丰富的原始次生林，为野生动物提供了良好的栖息条件。据查，这里有太行猕猴20多群3 000余只，近几年开辟了猕猴园，经人工驯化400多只，能招之即来，与游客嬉戏、照相，颇具情趣。广阔的沁河滩，犹如流滨浴场，河水可淋浴、游泳、泛舟，质地细腻且无污染的沙滩，可跑马、晒太阳，是阳光浴和游乐的良好场所。

(二)王屋山

王屋山位于河南省济源市,是中国九大古代名山,道教十大洞天之首,也是愚公的故乡,愚公挖山的故事因《列子》的记载和毛泽东在《愚公移山》中的引用而家喻户晓。

王屋山又是国家级重点风景名胜区,于 2006 年申请为世界地质公园。总面积 265 km^2,分 7 个景区,125 个景点。主峰天坛山海拔 1 715 m,是中华民族祖先轩辕黄帝设坛祭天之所,世称“太行之脊”、“擎天地柱”。

在王屋山脚下愚公村的西侧,是王屋山旅游线路的起点。现存的建筑是自南而北,依山就势,由低到高,错落有致。阳台宫现存的主体建筑三清殿和玉皇阁为明正德年间重修。最为游人瞩目的是三重檐阁式建筑玉皇阁,凌空欲飞的飘逸之势,令人们叹为观止。主体建筑上的几十对石刻柱子,使这座宗教圣地成为石刻艺术的殿堂;柱子上刻有翻滚的云龙、朝凤的百鸟、闹梅的喜鹊、牧羊的苏武、过海的八仙、战蚩尤的黄帝等,无一不栩栩如生,呼之欲出。阳台宫内苍松翠柏,郁郁葱葱,其中的一株七叶菩提树,树围近 3 m,高 14 m,传为唐代所留。

千年银杏树也叫白果树,为我国五大银杏树之一,有“中国植物活化石”之美称。它为西汉时期所植,距今已有 2 000 多年的历史。树高 457 m,树围 945 m,被当地人称做“七搂八拐棍”。千百年来,这棵树吸日月之精华,蕴王屋山之灵气,自古而今,善男信女对它顶礼膜拜,视为神灵,它的果实和叶子都是很好的中药材,果实大补,银杏叶制成的银杏茶对治疗高血压、冠心病、头晕目眩都有很好的疗效。树下有长年涓涓细流的“不老泉”,久旱不竭,清凉宜人……

王屋山森林覆盖率 98% 以上,珍稀动物繁多,具有很高的观赏和研究价值。春天山花烂漫,夏日群山叠翠,秋来万山红遍,冬到银装素裹,是一处有万年文化积淀、千年道教文化传统的融人文、自然于一体的品位极高的山岳风景名胜区。

第四篇　豫西黄河生态

水少沙多是黄河的主要特点,黄河多年平均年天然径流量仅为580亿 m^3,以占全国河川径流2%的有限水资源,担负着全国12%的人口、15%的耕地和沿黄50多座大中型城市的供水任务。随着沿黄地区经济社会的快速发展,引黄用水量大幅度增加,《2007年黄河水资源公报》显示,2007年黄河劣Ⅴ类水质标准的河长为4 557.6 km,占评价总河长的33.8%。这是黄河生态环境的基本特征。

豫西黄河的生态与环境问题突出表现在:小浪底工程是一项大型综合开发利用的水利工程,库区淹没涉及晋、豫两省8县(市),工程启用的长期阶段内,区域环境状况和河流水系情势都将发生一系列演变和变化,将在较大范围内改变区域的环境生态平衡。流域与区域、人口与资源等环境需求的矛盾也必然长期存在。

生态,本质就是生命,人类的生命有三个必备条件,即生存、生产、生活。河流生命始终受人类生态条件的影响。黄河的辉煌、黄河的优势可能是久远的过去,现在的真实黄河在生态方面远远落后于其他流域是个不争的事实,跨流域的南水北调,中上游的年16亿t泥沙流失,下游的悬河,滩区的群众,三门峡、小浪底库区的泥沙淤积、干支流的水污染等这一系列现象及沉重、持久的难题都关系着人类的生命质量。在民族复兴的道路上,毕竟黄河流域都还是经济欠发达地区,生存、生产、生活条件又处于劣势,走可持续发展之路的难度可想而知,保护黄河生态就是保护我们的子孙后代,这是一场生态保护的接力竞赛,也是一场必须打响的持久战争。

环境,本质就是资源与人类的内在联系,环境是这种内在联系的外表展现,人类与资源良性互动时资源是利,人类与资源恶性互动时资源就转变为害,环境也与其对应。城市垃圾资源围城,城市环境必受其害;三门峡库区淤积,库区环境必受其害;黄河下游河道泥沙淤积,河道环境必受其害;滩区土地资源过度利用,滩区环境必受其害。反过来一样道理,垃圾资源科学处理、库区泥沙合理调控、河道泥沙淤排循环、滩区土地适当退还,其相应环境必得其利。

三门峡水库的大量生态环境问题证明,豫西黄河生态与环境事关黄河流域生态环境大局,生态环境管理工作涉及面广,信息量大,需要科学高效的管理手段。挖掘出三门峡、小浪底库区全部的生态信息价值,加强河务、环境部门的监督管理作用,利用现代最新技术,建立豫西黄河小浪底库区水系环境动态管理体系,区分中游河务管理与下游河务管理的差别和个性,及时推进库区长期的水质保持、长期生态规划、库区管理有关政策和制度制定、水库消落区的管理、水库资源开发利用及保护治理的监督管理、水系排放(排污、排渣)监督管理、库区资源与环境安全、风险管理等库区环境河务管理活动,为流域和区域提供科学决策依据,成为豫西黄河河务工作的重要任务之一。

第十四章 生态演变

据考证,从秦汉(公元前221~公元220年)开始,经过历代大量垦殖和破坏,黄土高原的森林与日俱减。到1949年时,林地已不足200万hm^2。至20世纪80年代末,黄河流域各省的森林覆盖率已下降到0.3%~10%。由于森林面积的大量减少,自然灾害也越演越重。从秦汉至1949年的2 000年中,史书有记载的河决年份为400余年,这400年间给黄河下游人民带来了深重灾难。新中国成立后,国家大力治理黄河,虽未决口,但旱、水灾也时有发生。至2003年左右,黄河中、上游地区每年因此流失泥沙16亿t,其中包含(相当于)氮、磷、钾肥2 000多万t。从而造成大面积土壤贫瘠,黄河中游的大型水库,因上游来沙的淤积,平均每年损失1亿多m^3的库容,黄河下游也因此使河床逐年抬高,许多地段的河床底高出堤外地面。

纵观历史,豫西地区黄河流域是中国文明的发祥地之一,秦朝以前豫西地区森林茂密,土地肥沃,雨水丰沛,生物种类非常繁多,森林覆盖率高达70%以上。然而到了秦汉之际,由于连年征战以及人口的大量繁衍增加,大规模农田开发,毁林垦荒,造成严重的水土流失,以致沃野良田逐渐沦为今天的沟壑纵横、水旱灾害频繁的贫瘠土壤。

洛阳作为九朝古都,既有都城地位,又因地处交通要道,是连接长安与东南经济命脉的枢纽,所以在古代政治、经济生活中的地位举足轻重。洛阳生态环境的状况,不仅关系到洛阳地区人们的生活质量,也对整个朝代的政治、经济、文化产生影响。

以隋唐时期为例。一般认为,隋唐两代均以洛阳为东都,隋炀帝大兴土木兴建东都时,大木取自南方。因为洛阳于东汉魏晋时相继为都城,修城所需的材木使附近的山林遭受砍伐,生态环境遭到了很大的破坏,至隋唐时已无大木可伐。洛阳城的营建自然要耗费大量木材,"大业元年三月,遣黄门郎王弘、上仪同於士澄往江南采木,造龙舟寻"。唐朝人也说,隋建宫殿"楹栋宏壮,大木非随近所有,多从豫章采来",可见当时建都城的大木的确都来自江南。建宫殿需要的大木,以耐腐蚀的樟科木料为上等,如楠木。这种大木洛阳周围不出产,自然要取自产地。洛阳是交通要道,从长江运河水运路程虽远却十分便利。何况封建皇帝建宫殿,不讲什么投入产出,加上炀帝好大喜功,不会在乎木材产地的远近,只要合意就好。宇文恺营建洛阳时为迎合炀帝,"巧思绝伦,因此制造颇穷奢丽,前代都邑莫之比焉"。

即使如此,当时洛阳的生态环境状况还算比较好的,有许多生态良好的记载:

(1)豫西一带常有野兽出没。有老虎的栖息活动,唐天宝年间,河南缑氏县东太子陵有虎,县令"大猎于太子东石穴中,杀数虎"。咸通年间,许州西三四十里处有虎出没,驻守在这一带的"忠武军",统军李琢深以为患,曾统军剿虎。薛尊师往嵩山口时,"入谷三四十里忽于路侧见一死人,虎食其半","孟州境内虎也,伤人多矣,刺史发州兵搜求"。

隋唐时期,洛阳西南的陆浑、伊阙等县以及邓、虢诸州,尤其是熊耳山、伏牛山区,都有相当大的鹿群活动。《新唐书》上云:"虢州负山多麋鹿,有射猎之娱。"故当地"山棚"不事耕种，而以射猎为业。至于济源地区，初唐文人王绩《答冯子华处士书》说居于河济之间，“亲党之际，皆以山麋野鹿相畜”。由于鹿群分布很多，猎鹿活动相当频繁，史书中记载颇多，如《册府元龟》卷五《帝王部·搜狩》载：“（唐高宗）龙朔元年冬十月，狩于陆浑县。戊辰较猎于韭山，上自射禽兽，获鹿及雉兔数十，令代官厨烹之羊，尽放令长生焉。”直至中晚唐时期，许多山民不事耕种，专以射猎为生，号称“山棚”。自然界中，任何一种野生动物的生存和繁衍，都必须具备相宜的生态环境。野兽的栖息繁衍，需以大面积的山林草地为前提。高的营养级位野兽，特别是虎豹等猛兽，处于食物链的顶端，它们的生存，必须有数以十倍、百倍的鹿类及其他食草动物的存在为基础。如果没有广袤的草地，没有各种野生食草动物的大量存在，就没有这些大型食肉猛兽存在的前提。

（2）洛阳一带林木茂盛。偃师东十数里无村落，却“拱木蔽日”“邙山之阳松柏森森而永固，野松万顷而苍苍”。荥阳郑生家于巩洛之郊，一日遇到“大风雨，生庇于大木下”。这大木应该是一片成材的林子而不应是独木，因独木反会召来雷电是不可避雨的。少室山的环境也不错。宝历年间，有封陟孝廉者居住在这里，“书堂之畔，景象可窥，泉石清寒，桂兰雅淡。戏猱每窃其庭果。唳鹤频于涧松”。古代墓志多处均称洛水为“清洛”，刘禹锡《浪淘沙九首》说黄河“九曲黄河万里沙，浪淘风波自天涯”，而写洛河时则说“洛水桥边春日斜，碧流清浅见清沙”，“风雨之交，北邙陂，清洛悠悠”。在风雨交加时，北邙坡地的洛水仍然清澈，可见植被情况不错，水土保持较好。

（3）隋唐时期的洛阳人口没有大幅度增长。中国古代社会，环境破坏的最重要、最直接的因素是人口增加。随着人口的激增，大垦荒地，要砍柴烧炭，都给生态造成破坏。有关洛阳当时人口增加的记载很多，如《隋书》卷二十四《食货志》说：“时天下户口岁增，京辅及三河，地少而人众，衣食不给。”“时百姓虽然遭水旱，而户口岁增”。其实这只是当事人将此时人口与初期的人口对比得出的结论。总体看，古代人口没有出现突增，葛剑雄以为高峰期人口8 000万至9 000万，漆侠以为宋代达到亿，宋版图远不如唐大，所以人口密度却大大超过古代。我国古代的人口激增是宋代以后，尤其是明清时期。具体到洛阳人口，《汉书》卷二十八《地理志》记载，西汉末年河南郡有“户二十七万六千四百四十四，口一百七十四万二百七十九”，而根据《续汉书·郡国志》的记载，永和五年洛阳所在的河南尹与西汉河南郡大致相当，有“户二十万八千四百八十六，口一百万八百二十七”。但东汉户口隐漏严重，东汉实际人口的最高数至少不会低于西汉。隋唐时期，洛阳的实际人口大概在百万以上。

从上面史料可见，宋代以前豫西一带山林茂密，野兽出没，人口没有大幅度增加，所以生态环境状况较好。宋代以后豫西一带人口激增，至新中国成立豫西生态环境持续恶化。

新中国成立后，以三门峡地区为例，该地区是大跃进、大炼钢铁的重灾区之一，又使大片大片的林木被砍伐用于冶炼。20世纪60年代开始，三门峡地区又相继修建了三门峡水库、灵宝窄口水库、沟水坡水库，陕县涧里水库、石门水库、龙脖水库，渑池韩沟水库、南昌水库、杜家水库、庄寨水库、刘郭水库，卢氏故县水库，义马常窑水库、湖滨区东方红水库等，这些水库对防汛、抗旱确实发挥了一定作用，然而对水库淹没区和水库下游的原生态环境产生了极大的破坏作用。20世纪70年代末，部分人在“肥水快流”的观念影响下，开始大规模无序开采地下资源：灵宝和陕县地区大量合法的、非法的开采黄金，土法冶炼、氰化,致使黄金矿藏遭到极大的破坏和浪费,产生严重的水体污染、空气污染、土地污染,大量原生植被被破坏,导致水土流失、泥石流的产生;渑池、义马和陕县东部地区煤矿开采,卢氏县的辉锑矿、铁矿的无序开采等,造成资源的浪费与破坏、生态环境急剧恶化。

对于黄河河道生态来说,新中国成立后,国家在豫西黄河地区先后建成了三门峡水库、小浪底水库和西霞院水库,水域面积的增大,使河道湿地面积增大;加之20世纪80年代沿黄地区植树造林力度不断加大,截至2008年洛阳地区森林覆盖率达到32.58%,三门峡地区森林覆盖率达到41%,济源地区森林覆盖率达到42.9%。目前,豫西黄河流域的生态环境得到了一定的改善。

1997年,黄河河口流量为零,那是黄河下游难忘的生态灾难。

由于过度开发利用以及气候变化影响,1972年黄河首次断流,到1999年,28年间黄河共断流21次,可谓“四年三断流”。1993年,利津断面累计断流83天,东营、滨州等城市出现严重的水危机,其中东营市其他用水一概停供,全部存水仅够饮用7天,这座新城骤生存废之虞。1997年,利津断面断流226天,断流河道上溯至开封计704 km,约占黄河下游河道长度的90%,沿黄130万人陷于水荒,位于黄河三角洲的无棣县马山子镇石桥村苦于缺水竟有一半人口外迁。

黄河逐步严峻的断流形势,给经济社会带来的损失也越来越惨重,20世纪90年代后期断流造成的经济损失竟数以百亿计,黄河生态迅速恶化,河口三角洲生物链迅速断裂,由断流带来的社会恐慌日益加剧,母亲河已经对我们亮出了“黄牌”。

黄河断流更引起海内外华人的极大关注,163位“两院”院士集体上书发出了“拯救母亲河”的呼吁。黄河问题引起了党和国家最高领导层的高度重视,从战略层面统筹解决黄河问题被提上日程。

经过11年的“拯救母亲河”全民行动,黄河生态环境得到了初步的改善,河流生态环境需水量、河道输沙需水量的概念已被人们初步接受,但黄河遭遇的新伤害不可低估。

第十五章　生态治理新策

第一节　全流域水量调控

人们普遍认为,黄河已经成为一条人工干预的河流,黄河的许多河害与此有关。然而,人工干预同样是实现黄河化害为利的重要手段。既然黄河已经成为一条人工干预的河流,就应该以人类的智慧兴人工之利,减人工之害。1999年6月江泽民总书记视察黄河时明确指出:“要加强流域水资源统一管理和保护,实行全河水量统一调度。”

黄河水资源统一调控的成功,是人类的智慧之举。这是治河方略的一大跨越,也是恢复和建设黄河生态的重大举措。

一、生态环境需水量定义

对于生态环境需水的概念至今尚未有明确统一的定义,众学者多是根据研究对象的具体情况和见解,从不同角度对其进行界定。目前,与生态环境需水有关的概念很多,如“生态需水”、“生态用水”、“环境用水”、“生态环境需水”等。广义的生态环境需水是指维持全球生物地理生态系统水分平衡所需要的水,包括水热平衡、生物平衡、水沙平衡、水盐平衡等所需水都是生态环境用水,狭义的生态环境用水是指维护生态环境不再恶化并逐渐改善所需要消耗的水资源总量。综合现阶段的研究成果,对生态环境需水量概念的理解可概括为:流域或区域内的天然水体为维持特定的生态环境功能所必须蓄存和消耗的最小水量;以生态环境现状作为评价生态用水的起点,满足一定生态环境标准和规划目标条件下的区域或流域生态系统所需要的最小水量;流域或区域内不同时空条件下,人类活动造成水资源量和质的改变未超过维持人和自然和谐关系,水体的资源、生态和环境功能保持良好条件下,需要保持的水资源量极限值。生态环境需水量是一个具有自然生态、环境和社会属性的概念,既反映了水生态系统的可持续性、水资源系统的承受和恢复能力,又反映了水生态系统能维持社会发展的能力。

二、黄河流域有关生态环境需水量的研究

黄河以其高泥沙含量闻名于世,黄河上与生态环境需水量有关的研究也始于对输沙水量的研究,“八五”科技攻关项目“黄河流域水资源合理分配和优化调度研究”,首次将

河道来水来沙、河道冲淤与输沙水量联系起来，对黄河下游河道汛期和非汛期的输沙用水进行分析。“九五”攻关专题“三门峡以下非汛期水量调度系统关键问题研究”之子专题“黄河三门峡以下水环境保护研究”，全面分析计算了三门峡以下的河流环境和生态水量。“十五”国家科技攻关计划重大项目“中国分区域生态用水标准研究”之子专题“黄河流域生态用水及控制性指标研究”，研究推荐黄河下游花园口、高村、利津三个水文断面的最小生态流量。

通过水量调度对黄河下游生态系统产生的重要影响如下。

（一）对河流“廊道”的修复

河流作为一个典型的生态系统，是联系流域陆地生态系统与海洋的纽带。河流将高等植物和低等植物制造的有机物质、岩石风化物、土壤形成物，以及整个陆地生态系统转化的物质不断带入海洋，成为海洋特别是沿海和近海生态系统的重要物质来源，影响着沿海特别是河口、海湾生态系统的形成和演化。河流不仅把流域内各种景观斑块联系在一起，而且还是水生生物的通道、源和栖息地，维持其纵向和横向的连通性对于许多河流物种种群的生命力是非常必要的，纵向和横向连通性的丧失会导致种群的隔离以及鱼类和其他生物的局部灭绝。黄河干流作为一个线性生态系统，在整个流域规模范围内是其他各种斑块、栖息地的连接通道，在整个流域内起到提供原始物质的“源”和“廊道”作用。发生在20世纪70年代以来的黄河频繁断流破坏了自然河流的连续性，使河流面积萎缩，河流生态系统的完整性受到破坏，生物多样性衰减，严重影响河流生态环境功能的发挥。黄河水量统一调度使黄河下游非汛期保持一定的流量，使黄河真正成为连通流域内各种生态系统斑块以及海洋的“廊道”，维持了黄河河流生态系统的连通与完整，在一定程度上保证了下游河流生态系统的正常发育与功能发挥。同时，黄河下游保持一定的流量对于重要水禽栖息地和生物多样性的保护，及沿河自然景观的改善也起着非常重要的作用。

（二）对河道湿地的修复

黄河河道湿地系指临近水体，常年浸水湿润的滩地、洪泛区等所形成的湿地，主要由河漫滩湿地及洪泛湿地组成。黄河下游河道湿地在蓄水滞洪、净化水体、作为珍稀动物的栖息地及维持河流生态系统的稳定等方面发挥着重要的作用。受20世纪90年代黄河断流影响，下游河道湿地受到很大破坏，断流程度、断流长度不同，河道湿地的受损程度也不一样。根据黄河断流的河长、时间等情况，初步估算黄河下游受断流的影响而无法发挥正常功能的湿地面积有200多km^2，占下游河道湿地总面积的1/4多。黄河断流后，由于这些湿地得不到及时的水分补给，使得湿地生态系统的正常发育受到破坏，系统的稳定性难以维持，物种多样性衰减。黄河水量统一调度后，由于黄河下游具备基本正常的水流条件，因此受黄河断流破坏的200多km^2的河道湿地得到修复，加上沿黄各地对河道湿地保护的加强，湿地面积有恢复性增加，生态系统能够稳定发育，湿地的功能逐步得到恢复。

（三）对黄河水生鱼类的影响

河流鱼类除具有商业价值和生物多样性价值外，在科学上还具有指示污染和水生态系统破坏程度的价值。黄河鱼类的繁殖期为4月下旬至7月中旬，而黄河断流及小流量时期主要发生在每年的3月至7月上旬，这对鱼类来说，实属不利的时间段。鱼类产卵需要一定的涨水条件，弱小的鱼苗幼体需要良好的水环境质量，断流、水量减少加上黄河纳污量的持续增加使黄河水质不断恶化,也使黄河下游鱼类产卵场、栖息地受到破坏,严重影响了鱼类的繁衍和生存,使黄河下游的鱼类资源濒临灭绝。

黄河水量统一调度的实施,在一定程度上保证了黄河下游生态环境用水,尤其是鱼类产卵育幼期的生态环境用水,使黄河水生态环境得到改善,有利于黄河鱼类资源的恢复。黄河铜鱼属于国家二级保护鱼类,也是黄河的特有鱼种,因其体色如黄铜颜色而得名。黄河铜鱼一般活动在黄河中下游,20 世纪 80 年代以来,黄河水量的减少及水质污染等因素,使得黄河铜鱼不见踪影。2003 年下半年,小浪底水库蓄水量较大,水环境条件较好,加上当地渔政部门在水库实施禁渔措施,使黄河铜鱼又重新成群出现。

通过实施全河水量统一调度,已连续 11 年不断流,产生了巨大的生态、经济、社会效益。黄河水资源公报显示,与 1998 年的前 10 年相比,黄河年均地表水耗水量减少近 20 亿 m^3;万元 GDP 耗水定额 9 年间下降 50%;急剧萎缩的黄河三角洲湿地面积迅速恢复,生态大为改观;黄河下游沿黄城市地下水位抬升,2003 年 9 月,素有“天下第一泉”盛誉的济南趵突泉于停喷 28 年后再现喷涌胜景,全年不停。另据中国水利水电科学院和清华大学分析,仅 2000 年至 2004 年的 5 年间,黄河流域及相关地区累计增加国内生产总值 1 544 亿元,年增 309 亿元。

第二节 疏浚导流与调水调沙

据资料统计,在黄河安澜的 60 多年里,黄河每年有 4 亿 t 泥沙淤积在下游,“沙淤河高”,河床普遍抬高了 2 ~ 4 m,沿黄城市地面均低于河床,河南新乡市低于河床 20 m。河槽的严重淤积造成过水断面严重萎缩,1996 年 8 月花园口洪峰流量仅有 7 600 m^3/s,水位却比 1958 年该断面 22 300 m^3/s 还高 0.91 m。

对于豫西地区而言,有三门峡和小浪底两座大型水库,泥沙变化引发的生态环境问题有利有弊。

其利:泥沙颗粒具有吸附作用,如吸附有重金属物质等污染物质沉积下来,则对河段的水质污染。随着小浪底工程的投入使用,大量的泥沙被拦在库区,小浪底以下河段由于长期清水下泄,河流中悬浮的泥沙颗粒减少,保证了小浪底以下河段具有较好的水质,有利于局部生态环境的改善。

其弊:①地下水位抬高,造成大面积土壤的久生盐碱化和沼泽化。②水利工程引起泥

沙的输移和沉积模式的改变，造成大量的泥沙被拦截在坝前淤积，河床抬高，引起泥沙输送量的下降，并改变泥沙的粒级组成。输水、输沙条件的变化也导致其携带的营养物下泄量发生变化，影响鱼类种群的数量，导致渔业产量下降。修筑堤坝后造成产卵场的泥沙沉积，降低河流流速，减小泥沙的自然冲刷，降低水的渗透率，大大影响产卵量。由于黄河径流量不断减少，营养物质输入水平下降，造成渔业资源严重减产，有的甚至造成食物链中断，引起生物多样性的变化。

生态环境的治理要按照局部服从全局，眼前服从长远的原则进行，措施如下：

（1）疏浚导流。黄河水资源对湿地植被系统有着重要的生态作用。满足该地区生态演替的基本补给用水需要，是实现其生态稳定的基础条件，同时应减少该地区的泥沙淤积，否则湿地会因为缺水而失去平衡。对河道的疏浚与导流是维护生态系统的首要任务。

（2）调水调沙。黄河的挟沙能力是有限的，水少沙多的时候，带不动的泥沙沉淀形成淤积。调水调沙就是利用水库将“不和谐”的天然水沙关系重新塑造为“和谐”的水沙关系，把小浪底水库及其下游的一部分淤积泥沙输送到大海，是有效解决黄河下游河床淤积抬升的重要途径。

2002 年 7 月黄委进行了首次调水调沙试验，主要目的是减少小浪底库区淤积、冲刷沉积在下游主河槽中的泥沙，试验用 26 亿 m^3 水把黄河 6 640 万 t 泥沙送入渤海，这是迄今黄河上第一次进行如此大规模的人工原型试验，也是第一次进行大规模河道生态环境用水调配的实践。经过 9 次的调水调沙，其下游河道主槽平均下降 1.5 m，最小过流能力由 1 800 m^3/s 提高到 3 810 m^3/s，三门峡、小浪底水库库区淤积形态得到有效调整，减轻了由于洪水决堤给周围地区生态环境带来的压力。

豫西黄河生态问题的解决是一个需要利用各项措施综合治理的工作，要通过合理的规划和实施，从实际出发，走可持续发展的道路，因地制宜地采取综合措施，进行综合治理，提高黄河的人工控制程度，全面整治水资源生态问题，让豫西黄河形成一个完善和谐的生态系统。

第三节　标准化堤防建设

所谓“标准化堤防”，首先是要加宽黄河下游大堤（堤顶宽度不少于 100 m，有的险工险段可加宽至 200 ~ 300 m），使黄河下游举世闻名的“悬河”变成一条相对的“地下河”，让宽阔坚实的新大堤迫使放肆无羁的黄河安澜；其次在大堤建成后，还将进行堤顶硬化、防浪林和生态防护林等工程建设，构筑成防洪保障线、抢险交通线和生态景观线，形成“标准化堤防体系”。在堤防绿化中，行道林一改过去清一色毛白杨的种植模式，以植大叶女贞、栾树为主，间种雪松、刺柏、红叶李等常绿开花景观树，以使行道林实现高矮错落有致，四季多彩搭配。在淤背区，栾树、枫树、桧柏、雪松等成为主要树种，各品种均成片种植。黄河两岸将建成我国“北苗南移”和“南木北植”的最佳驯化带和沿黄生态景观旅游区。

第四节 维持黄河健康生命

一代又一代黄河人为“把黄河的事情办好”付出了长期、艰苦而又卓有成效的努力，实现了黄河岁岁安澜。他们肩负重任，不辱使命，在坚持人民治黄的基础上依法治黄、科学治黄，实现了黄河10年未断流。而与之比功的是，黄委遵照国家治水方针，以可持续发展水利为指导，总结并继承前人经验，进行了富有智慧的理论创新、科技创新和制度创新。“黄河治理的终极目标是维持黄河健康生命”的提出，是诸多创新成果的集中体现。

“维持黄河健康生命”理念呼吁建立人与河流的伦理关系，果敢地放弃人类中心主义和物质主义价值取向，尊重河流生命，维护河流尊严，构建人与河流的和谐关系。“人类在治理开发河流时，需要建立一种至高无上的生态良知、生态道德和生态责任，并以此作为共同遵守的道德规范和行为准则”。

第五节 “四位一体”之黄河生态

河南黄河河务部门提出的“四位一体”之黄河生态是黄河健康生命的具体体现和表现形式，是黄河治理的最终目标，无论工程、经济、文化，一切治黄实践最终都要统一到这个目标上来。它明确了构建黄河生态文明，就是要以黄河健康生命和人与黄河和谐相处为目标，指导河务部门以黄河水资源、水环境的承载能力为核心，遵循河流规律开发利用黄河、管理保护黄河、倡导黄河生态文明，保障防洪安全、水资源安全和生态安全，实现人与黄河的良性互动，实现人水和谐、人水相亲……

第十六章　流域生态建设与湿地保护

随着生态保护日益受到党和国家的重视，豫西河段相继建成了河南黄河湿地国家级自然保护区、生态林园区等，这些区域生态建设极大地改善了豫西黄河流域的生态环境，积极推动了区域内动植物资源、生态群落的保护。

一、河南黄河湿地国家级自然保护区

（一）基本情况

黄河湿地自然保护区是一个以保护黄河流域湿地生态系统和珍稀水禽为主的国家级自然保护区。保护区内野生动植物资源十分丰富，区内共有低、高等植物743种，其中藻类植物118种，苔藓植物27种，维管束植物598种。黄河两岸山坡、堤坡等分布着天然草本植物、灌木以及农作物和少量人工营造的防护林、经济林等；湿地分布的植物主要为天然草本植物和农作物。区内湿地鸟类资源十分丰富，南北区系成分相互渗透，区内已知175种鸟类中，其中天鹅是保护区的主要保护物种之一，属国家一级保护的就有黑鹳、白鹳、金雕、白肩雕、大鸨、白头鹤、白鹤、丹顶鹤、玉带海雕、白尾海雕等10种；属国家二级保护的有大天鹅、灰鹤等31种。还有中日签订的候鸟保护协定鸟类83种，中澳签订的候鸟保护协定鸟类22种。

（二）自然环境

河南黄河湿地国家级自然保护区洛阳段从西到东依次为两种不同的地貌类型，即低山和平原地貌。从新安与渑池交界到小浪底大坝以下的西霞院为低山地貌类型，海拔400～800 m，间有部分黄土台地，此段黄河穿行于中条山、崤山、熊耳山之间，是黄河最后一段峡谷，落差200多m，河谷底宽200～300 m，出露基岩，除新安八里胡同为石灰岩外，其余多为二叠、三叠系砂页岩层。黄河小浪底水库建成后，此处形成大面积水面，正常水位245 m，小浪底库区水面面积达27 320 hm^2。小浪底以下至孟津，是由山地进入平原的过渡地段，河道逐渐放宽到3～5 km，北岸是断续的黄土低崖，高出水面10～40 m；南岸为绵延的邙山，高出水面100～150 m。

保护区有低山、丘陵、黄土高原、平原等地貌类型，土壤类型主要有褐土、潮土。褐土主要分布在保护区内的低山丘陵地区，潮土主要分布在保护区内的一级阶地和滩地。

保护区属暖温带大陆性季风型气候，受季风环流影响明显，其特点是："春季多风少雨，夏季旱涝不均，秋季雨量集中，冬季寒冷少雪"。年平均气温13.7 ℃，极端最低气温－17.2 ℃，极端最高气温43.7 ℃。年平均降水量为650.2 mm，多集中在6～8月。年平均无霜期235天，年平均蒸发量1 796.6 mm，年均日照时数62 270.1小时，6月份日照时数最长为247.6小时，2月份最少为147.5小时，年平均日照百分率为51%。

该段黄河最大流量为17 800 m^3/s，最小流量11.7 m^3/s，正常年份平均流量946 m^3/s，流速1～2 m/s，平均年径流量达443亿m^3。段内有植物743种，其中藻类植物有8门118种;高等植物93科,302属,625种(含4个变种),其中苔藓植物13科,17属,27种;蕨类植物8科,9属,14种;裸子植物2科,2属,2种;被子植物70科,274属,582种(含4个变种)。动物867种,其中鸟类175种,兽类22种,昆虫437种,鱼类63种,爬行类17种,两栖类10种,其他动物143种。国家一级保护的动物有黑鹳、白鹳、金雕、白肩雕、大鸨、白头鹤、白鹤、丹顶鹤、玉带海雕、白尾海雕等10种;二级保护动物有鸟类31种,兽类1种(水獭)和两栖类1种(大鲵)。鱼类中有珍贵黄河鲤鱼及一些经济价值很高的洄游鱼类如鳗鲡等。

保护区内有丰富的景观资源。既有举世闻名的小浪底水利枢纽工程、西霞院反调节水库工程,还有小浪底水库截流后形成的"千岛湖"景观。小浪底水利枢纽工程位于黄河湿地孟津境内,它不仅是中国治黄史上的丰碑,也是世界水利工程史上最具有挑战性的杰作。总装机容量为180万kW的地下发电厂房,1 667 m长的堆石大坝,巍峨的进水塔,壮观的出水口等,使小浪底具备了防洪、防凌、发电、排沙等多项功能,也是旅游者观赏黄河沧桑巨变的一大景观。

耸立于新安境内黄河南岸的荆紫山,"孤峰独秀,晴岚围翠",相传为古代帝王祭天封禅之地,著名的黄河八里胡同西岸如削,一线急流,狂澜奔泻,两岸古迹遍布,有"豫西小三峡"之称。小浪底水库蓄水后,形成的100多km^2的浩瀚水面,呈现出"高峡平湖,千岛竞秀"的壮丽景观。湖光山色相映,是豫西观光旅游的最佳境地。湿地保护区内不但有丰富的自然景观,还有独特的人文景观。"黄河澄泥砚"为中国古代四大名砚之一,"黄河奇石"天造地设,奥妙无穷,汉光武帝陵翠柏掩映,使人萌生浓浓的思古幽情。

(三)保护价值

河南黄河湿地国家级自然保护区具有河流湿地的特征,它同时还具有库塘湿地和沼泽湿地的特征。包括河道水域生态系统、河滩生态系统、沼泽生态系统、林地生态系统、农田生态系统等,物种丰富,珍稀水禽较多,有丰富的生物多样性。该段位于黄河中游,处于平原向山地丘陵的过渡地带,湿地中既有峡谷地貌,也有宽阔的滩涂,地理位置十分重要。

黄河湿地周边人口多,环境压力大,保护难度大。周边经济的发展对黄河的依赖性极强,湿地生态环境受人为活动的威胁大。目前,河流南北两岸及支流附近,工矿企业较多,河水受到污染,保护区干流的水质除重金属镉和非离子氨外,其余指标符合Ⅲ类水质标准,某些支流甚至超过了V类水质标准。近年由于气候干旱,无计划用水,致使黄河下游多次断流。同时,黄河被称为"悬河",隐藏着巨大的水患。生态环境脆弱,生态安全重要。

因此,黄河湿地国家级自然保护区建立后,无论是对大量生物物种的栖息繁衍和黄河湿地特有的生态环境、生物多样性保护,还是对调节气候、涵养水源、防洪排涝、改善生态环境以及国家重点水利枢纽工程(小浪底水利枢纽工程)的保护等,都将起到极其重要的作用。

河南黄河湿地保护区约有80%的面积在豫西境内,列入国家一级保护的动物有黑鹳、白鹳、金雕、白肩雕、大鸨、白头鹤、白鹤、丹顶鹤、玉带海雕、白尾海雕等10种;列入国家二级保护动物有大天鹅、灰鹤等鸟类31种及兽类和两栖类各1种;列入中日签订的候鸟保护协定鸟类83种;列入中澳签订的候鸟保护协定鸟类22种。近年来,大量大天鹅、大鸨、黑鹤等鸟类在洛阳孟津河滩越冬,已引起国内外鸟类专家的高度重视。

二、三门峡市天鹅湖城市湿地公园

三门峡市天鹅湖城市湿地公园是河南省唯一一个国家城市湿地公园。位于黄河与青龙涧河、苍龙涧河交汇处,用于保护黄河中游特有的湖、河、滩、林、鸟、草共生的湿地生态系统。自保护区成立以来,其独特的生态系统吸引着数以万计的白天鹅等野生动物每年冬春季节在此栖息,为三门峡赢得"天鹅之城"的美誉。因此,该湿地保护区又被称为"天鹅湖风景区"。据不完全统计,目前湿地内有鸟类175种、兽类22种、鱼类60种,其中珍稀濒危动物41种、木本植物38种、草本植物560种。

天鹅湖湿地公园是三门峡市在天鹅湖风景区基础上兴建的,面积573 hm^2,其中水面、滩涂面积180 hm^2,努力营造人与自然和谐相处的优美环境,将集生态、旅游、科教于一体的天鹅湖城市湿地公园纳入三门峡城市总体规划(2004~2020年)。

管理部门按照有关规定划定绿线,设立界碑、标牌,按时完成青龙大坝、苍龙大坝等一批基础设施工程建设,并通过大力清理出让、出租土地等违法违规行为,使城市湿地得到集约、节约利用和有效保护,使湿地公园自然山水特色进一步凸现。

三、小浪底库区生态建设

(一)小浪底库区森林公园

小浪底库区森林公园位于新安县境内,紧邻小浪底库区,具有自然景观奇特、人文景观悠久、森林资源丰富的优势,按照"强力开发,适度超前可持续发展"的大旅游发展战略,1998年由国家林业局调查规划设计院对森林公园进行全面系统的总体规划设计,总面积41 936 hm^2,是河南省最大的森林公园。现森林公园正在建设中,不少景观已建成纳入经营运作阶段,产生了较好的生态效益。

(二)小浪底坝后公园

小浪底水利枢纽工程坝后公园位于小浪底水库的下游,总面积66多 hm^2,其中水上面积近20 hm^2。这里原是440 m宽的黄河故道河床。从1999年开始,小浪底建管局加大了坝后环境保护的力度,并委托上海园林设计院对坝后进行地表整治、防护和设计规划工作。坝后公园的景观设计创意新颖,实现了环境绿化和治黄文化的完美结合,使人在观赏宏伟工程的同时,也了解到了黄河的发展史、文明史。

坝后公园的主要工程有文化广场、湖心岛休闲区、移民故居文化区、黄河文化大观、建设者之歌广场、跨河索桥等。

四、西霞院水库生态旅游规划

西霞院水库是黄河小浪底水利枢纽的配套工程，也是黄河下游最后一座大型水库。2007年6月11日水库蓄水后，回水直达小浪底坝下，形成一个开阔的水面，被当地群众亲切地称为“洛阳湖”。

库区总面积27 km^2，其中孟津、吉利水域面积占80%，济源占20%。这里距洛阳市区仅18 km，坝址距小浪底水利枢纽16 km。规划中的定鼎路延线，从坝前经过；孟津北线旅游公路直通小浪底大坝，便利的交通为发展旅游业提供了条件。

浩瀚的湖水为发展水面旅游项目提供了得天独厚的条件。据旅游界人士预测，现在的故县水库、陆浑水库都离市区比较远，而西霞院水库紧邻吉利区，离市区不足20 km，旅游前景十分广阔。

库区南岸为孟津县白鹤镇西霞院村，北岸为吉利区南陈村，两个村处在丘陵上，绿树掩映、环境优美，为游客提供了绿色营地。

五、豫西黄河生态林工程

黄河生态林是维护和改善沿黄地区生态环境，保持生态平衡，保护生物多样性等的重要手段之一，其主要包括防护林和特种用途林。

豫西黄河生态林工程面积60余 hm^2，30万株，树种有银杏树、107杨、三倍体毛白杨、金丝柳等。绿染豫西黄河两岸的美景业已呈现。

六、万亩荷花园

万亩荷花园位于会盟镇扣马村黄河滩涂湿地。会盟荷花种植，历史久远，据记载东汉时期已有成片种植。现会盟镇政府依托资源优势，发展荷花经济。荷花种类繁多，已达30余个品种，有白莲、碧绛雪、佛座莲、娇容三变……“微风摇紫叶，轻露拂朱房。中池所以绿，待我泛红光”。白莲银装素裹，碧绛雪白里透红，佛座莲雍容华贵，娇容三变娇艳欲滴……微风拂面，送来阵阵荷香，荷花娇艳欲滴，荷叶摇曳多姿，送来阵阵荷香，鱼戏莲叶间，鸟翔荷塘上，形成鸟

唱荷舞鱼游的天然美景。

七、洛宁竹林

竹子生于南方,北方非常罕见,而黄河流域的洛宁却有上万亩的竹林,洛宁竹林已有4 000余年历史,是名副其实的原生态古竹林。自古以来就有“绿竹子项”的美誉。这些北方罕见的大片竹林生长在北纬34°38′左右的地方,是世界上纬度最高的竹林。竹林的存在,代表了北方植物的多样性,表现出了人与自然的和谐相处。置身于茂林修竹,你会感到心旷神怡、回肠荡气、清浊去污……置身竹林,你才能真正体会到“宁可食无肉,不可居无竹”的意境。

第十七章　城市生态建设

近几年，当地政府重视生态建设，努力提高森林城市建设质量、效益和魅力，立足于城市发展实际，以园林重点工程示范带动为突破口，以绿化机制创新为动力，以提高绿化质量为核心，大力营造森林城市建设氛围，塑造城市新形象。

第一节　洛　阳

洛阳市围绕创建中国优秀旅游城市、国家卫生城市和国家园林城市的目标，以改善城市面貌、提高城市品位为核心，大力实施“绿、亮、净、美、畅”五大形象工程，近几年相继建成完善了洛阳植物园、洛阳郁金香花园、洛浦公园、周山森林公园、洛阳牡丹园、中国国花园等。

一、洛阳植物园

洛阳植物园位于洛阳市涧西区南昌路与长江路交叉口。原为隋代皇家园林“西苑”的旧址。是一座以栽培海内外植物名品为主，又有园林风光的古典式公园。占地 13.3 hm^2，园内植物共 1 500 多种，分类种植，并按地理条件、生态习性，使其集会组合，树花并茂，相映成趣。植物园的仿古殿门，古雅庄重，门额上有廖承志亲书的“洛阳植物园”五个大字。院内有大型仿古建筑植物展览馆，面积达 3 900 m^2，馆内按植物不同分为 9 个展览室。还有“牡丹”、“月季”、“竹类”等专类庭园及牡丹岛、樱花洲。园内假山叠石，楼台水榭，小桥流水，曲径通幽。两个人工湖上，有风格独特的九曲桥、荷叶桥和玉带桥，游人可安步当船，穿湖而过，尽情浏览湖上风光和沿湖秀色。整个园内，山明水秀，茂林修竹，异花奇草，冬青夏绿，四季溢香，亭馆台榭，构筑奇巧，幽曲静雅，风景宜人。

二、洛阳郁金香花园

洛阳郁金香花园位于洛阳北邙山机场西路路口东，占地 13 多 hm^2，种植有不同花色的郁金香 50 余种，牡丹近百种，并有芍药、月季、百合等各种名贵花卉，园内建有中外风格的廊柱、假山、花架、风车、屏风、花池等园林小品，富有情趣，是旅游和摄影爱好者的好去处。

三、洛浦公园

洛浦公园是洛阳市委、市政府为古都人民建造的一项大型公益工程，该公园沿着穿越市区的洛河两岸而建造，全长 16 km。现在北岸景区长约 10 km，宽为 90 m，北岸景区是整个游园的重点，以大面积草坪为主，建设有 30 个活动内广场、14 个历史文化广场、10 个植物专类园及其他建筑小品等。南岸景区宽为 70 m，主要以植物造林为主，将来适当布置园路、休息广场及园林小品。洛河水面规划为四道橡胶坝。水面宽度为 600 ~ 800 m，可开展全国性的赛艇比赛，河中适当位置布置小岛、半岛并点缀园林小品，形成一个水上乐园。

洛浦公园是依洛河而建的洛阳市跨世纪生态工程，是洛阳市的城市生态带，也是洛阳市的东西轴线，洛浦公园横跨洛河两岸，纵贯洛阳市五个区，总面积近 1 200 万 m^2。集河堤、阶堤、滩塘、河道于一体，融园林绿化、园林建筑、园林景观、园林文化为一炉，为规模宏大的开放性公园，除满足市民游憩、观赏、休闲、晨练等功能要求外，也是人们进行科普教育、环境和绿化意识教育的重要基地，同时，对防洪排涝，调节城市气候，改善城市生态环境，提高居民生活质量，促进经济和社会的可持续发展有着重要作用。

洛浦公园种植各类乔木近 200 个品种 30 余万株，灌木 200 余万株，牡丹 300 余个品种 20 余万株，绿地 230 多万 m^2，使洛浦公园形成了北岸景区、南岸景区、河道水面景区。大面积绿地与宽阔的水面自然融合，呈现出了碧水蓝天、绿树成荫、花艳草绿的自然生态效果。

北岸景区：西苑桥西 2 km 处至东段瀍河口共计 14 km，先后建成了 45 m 宽绿地，3 m 宽绿化带，15.5 m 宽坡段绿地和 15 m 宽绿化隔离带；14 km 长、8.5 m 宽防汛路、12 km 长防浪墙、30 多 km 长的内游园路、10 余条入园路；建设了供水、供电、照明、排水、通信设施，在西苑桥至洛阳桥段，用现代造园手法建设了 30 个适应青少年、儿童、老年人等不同年龄段市民活动的广场，30 组亭子廊架，10 个植物专类园，诸多园林小品；六座形态各异的公厕和管理房；西入口建设了巨型飞鸟造型的洛浦公园西大门，如翱翔搏击的大鸟，寓意着洛阳经济的腾飞；西入口有内外广场及游园组成，总面积为 4 万多 m^2；在洛浦公园涧河入口处建设了长 225 m、宽 72 m 的彩虹桥一座；在洛阳桥西边建设了洛浦公园西苑桥至洛阳桥段东大门及 3 万多 m^2 的内外广场，内广场建有音乐喷泉、花岗岩灯柱，夏夜在此纳凉，可一边欣赏五光十色的喷泉水姿，一边聆听悦耳的音乐。东大门的雄姿已成为洛阳市的一个标志性建筑。

洛阳桥至瀍河口为北岸景区东段历史文化区，在该区建有河图洛书、夏都斟寻、商王祈雨、会盟史话、定鼎九州、洛神广场、东汉太学、张衡三仪、蔡伦造纸、建安风骨、洛阳纸贵、四夷里馆、李杜相会、雕版印刷等反映洛阳 13 朝古都重大历史事件和重要历史人物的

14 个历史文化广场,用园林小品和铺装、雕塑、碑刻展示了洛阳丰厚的历史文化内涵,实现了园林艺术与历史文化的完美结合。同时建设了洛神苑、晓月园、九州星宿广场、上阳宫游园、秋风园。北岸景区整条绿带形成了多层次,全方位,对比强烈,季相变化丰富,具有优美韵律的带状园林景观。

南岸景区：建设了 12 km、长 40 m 宽的绿地，以常绿和落叶乔木片植密林为主，以 200 ~ 300 m 植物群落组团，形成了大组团、大色块，高低错落，富有自然野趣,天际线变化丰富的绿化效果。同时,依洛浦公园南岸建设了西起牡丹桥、东至洛阳桥,北起洛河南堤、南至洛宜路的千亩国花园,一个以隋唐历史文化为基础,以牡丹文化为主要内容,牡丹千姿百态,植物高低错落,山峦奇石叠翠、亭台楼榭成辉的国花园,为洛浦公园南岸景区增添了美丽的景观。

河道水面景区:经过对河道的疏通、治理,先后于 2000 年、2001 年、2002 年、2004 年建成了上阳宫、同乐园、洛神苑和周山四级橡胶拦河坝,使 600 ~ 800 m 宽、面积达 900 多万 m^2 的四级水面形成了洛浦公园碧水蓝天的美丽景观,对调节洛阳市的气候起到了重要作用,使洛河的防洪能力由 20 年一遇提高到 100 年一遇。

洛浦公园的建成,使昔日的垃圾场、“排污河”变成道路通畅、绿树成荫,芳草铺地、天蓝水清、万羽竞翔、人与自然和谐相处的园林风光带,再现了“天下名园重洛阳”的盛景,取得了良好的社会效益和环境效益,被洛阳人民称之为“民心工程”、“功德工程”,每天有成千上万的市民到此娱乐、休闲、锻炼、垂钓。洛浦公园工程构筑了洛阳市的绿色心脏,架设了绿色通道,形成了城市生态轴线,带动了城市结构的大调整,目前洛阳已形成以洛浦公园为轴线,南北两岸对称发展的新格局。我们相信,洛浦公园产生的生态效益、经济效益和社会效益,必将促进洛阳市的可持续发展。

四、周山森林公园

周山森林公园位于洛阳市高新技术开发区境内,北面近邻洛阳市涧西工业区,东面和南面是洛阳市高新技术产业园区。周山又名秦山,在洛阳西南侧。西起崤山,东止洛阳,经洛宁、渑池、宜阳、新安、洛阳五市县,蜿蜒起伏,长达 180 多 km,海拔 216.93 m。在洛阳附近山阜上有周灵王墓冢,周代称冢为山,故名曰周山。山下有周谷,为周之采地。周山又是洛阳扼阻关陇的咽喉之地。

2001 年 2 月,洛阳实施了绿化周山、龙门西山,建设城市周边绿色生态屏障的工程,周山森林公园的建设序幕同时拉开。

该公园面积达 720 hm^2,其中核心区面积 100 hm^2。4 年来,结合国家实施的退耕还林工程,对周山地区实施“以粮代赈,退耕还林”,累计投资 1 000 余万元,先后完成了一期、二期绿化工程,绿化面积 533 多 hm^2,累计植树 22 万余株,造林成活率达 95% 以上。

公园的建设,不仅为洛阳市城市添置了“绿肺”和“制氧机”,改善了城市生态环境,而且为市民提供了一个旅游、休闲、健身的好去处。更为重要的是，它将对推动洛南开发、加快山水园林城市和中西部地区最佳人居环境城市建设发挥重要作用。

随着周山水面工程大坝的完工，周山水面蓄水完成，洛河市区段形成了宽约 600 m、长 12 km 的人工湖面。

周山水面工程是洛河市区段建成的第 4 座橡胶大坝，周山水面工程完成蓄水后，洛河市区段形成了自上而下的周山、上阳宫、同乐园、洛神苑等 4 个首尾相接的梯级水面，回水总长度 12 km，水面总面积 600 hm^2，总蓄水量 1 700 万 m^3。水面范围内建设有太阳岛、月亮岛、珍珠岛、葫芦岛、琵琶岛以及湿地和滩地，给市民和游客提供了舒适优美的水上乐园，配之长达 15 km 的洛浦公园，使这里成为洛阳市规模最大的开放式公园。

五、牡丹园

（一）中国国花园

中国国花园位于洛南隋唐古城遗址上，东起洛阳桥，西至牡丹桥，南临洛宜路，北至洛浦公园南堤。总规划设计面积 103.2 hm^2。

自西向东共分为 6 个景区，即西入口景区、牡丹文化区、牡丹历史文化区、堤面游赏区、东入口景区、生产管理区。其中种植牡丹 300 余个品种 20 余万株，种植乔、灌木及各类植物 100 多个品种 200 余万株。在环境布置上以植物见长，自然流畅，突出体现了传统皇家园林的造园风格。

中国国花园以隋唐历史文化为基础，以牡丹文化为主要内容，融历史文化、牡丹文化和园林景观于一体。艳冠群芳的牡丹、千姿百态的植物、奇石叠翠的山峦、风情各异的亭台、碧水荡漾的湖泊、古丰古韵的建筑……美景无限，占尽风流，国花园之美、之情、之幽，堪称洛阳园林之翘楚。

（二）洛阳牡丹园

洛阳牡丹园位于市区北部邙山 310 国道与机场路交叉路口的附近。建于 1992 年，总面积 10 hm^2，栽植牡丹近 6.7 hm^2，380 个品种，约 10 万株。1994 年从日本引进“金帝”、“太阳”等著名国外品种 11 个，200 余株。

（三）王城公园

因建于古代东周王城的遗址上，故名王城公园。是洛阳观赏牡丹最重要的场所。始建于 1956 年，栽植牡丹 19 800 株，有 320 个牡丹品种。并从日本引进 20 多个日本品种。建有牡丹阁、牡丹仙子花坛群等观赏佳景，每年 4 月 15 日至 25 日牡丹花会期间，游人如

织。最多的一天，游人达 25 万人次，盛况空前。园内还有周王城城墙遗址、汉墓壁画地下展室和古建筑风景区等。

（四）牡丹公园

牡丹公园是洛阳以牡丹著称的公园，位于涧西区西苑中路中段，建于 1956 年。牡丹为该园的主要花木，有牡丹花坛 10 个，总面积 5 660 m^2，种植牡丹 3 960 株，200 多个品种。园中牡丹以花大色艳而为游人称道。

牡丹公园位于洛阳市涧西区国营大厂、科研院所和商贸中心，东连牡丹路，南临西苑路，北、西同郊区工农乡唐村为邻。牡丹公园始建于 1956 年，是在隋西苑遗址上规划建设的以洛阳牡丹文化为特色，应用现代园林建筑风格融水上娱乐、休闲活动为一体的综合性文化休憩公园。全园规划用地总面积 64 000 m^2，绿地率 78.64%，绿化覆盖率 81.82%。

牡丹公园的主要功能分区有牡丹观赏区、水上娱乐区、儿童活动区、花卉生产区，占地面积 30 000 m^2，种植草坪 15 000 m^2，各类乔木 4 000 株，花灌木 4 400 株。植物种类丰富，季相变化鲜明，园林景观优美，生态质量上乘，深受广大中老年人欢迎。花卉生产区，地处牡丹公园西北部，规划用地 5 300 m^2，建有温室 3 栋，面积 220 m^2，每年生产草花约 20 万盆，温室花卉约 3 万盆，对城市节日彩化、美化，活跃城市生活发挥重大作用。

（五）国色牡丹园

国色牡丹园又名中国洛阳国家牡丹基因库，位于洛阳市区北部邙山 310 国道旁。建于 1985 年，1992 年被中华人民共和国林业部命名为国家牡丹基因库。因该园地处邙山，花期晚于市区，使迟来洛阳的游人，也能欣赏到洛阳牡丹的天姿国色。国色牡丹园占地面积 47 hm^2，其中牡丹观赏园分南园和北园，面积 27 hm^2，育苗 20 hm^2，搜集国内牡丹园艺品种 500 余个，野生种 6 个，培育新品种 72 个，数量 50 余万株；引进国外园艺品种 100 余个，数量 5 万株。年繁殖九大色系、品种齐全、花大色艳的优质商品牡丹 30 万株。目前，已成为野生牡丹引种驯化、新品种培育和商品牡丹繁殖的国内最大生产基地。

2002 年 3 月迎来了国色牡丹园发展的大好机遇，全面实施改扩建工程，新建了北院大门，停车场 8 000 m^2，休闲广场 10 000 m^2，旅游公厕 5 座，铺设园林新道 20 000 m，人工湖 1 500 m^2，扩大国内外牡丹精品观赏园 20 hm^2，增加绿地 20 000 m^2。栽植各类绿化树木 1.2 万株，园容园貌焕然一新。

（六）洛阳国际牡丹园

洛阳国际牡丹园，地处机场路与连霍高速公路洛阳西出口交会处的邙山镇，与洛阳古墓博物馆隔机场路相望。得天独厚的生态条件，奇异绚丽的国内外牡丹名品，独具特色的建园设计，将使之成为国内高品位的牡丹观赏园与国际牡丹名品生产示范基地。

国际牡丹园是中原地区最大的晚花牡丹园及中外牡丹精品园，占地约 30 hm^2。目前，该园已栽植国内牡丹品种 300 多个，日本、法国、美国等牡丹品种 100 多个，以及中国芍药品种 300 多个。牡丹自然花期为四月中旬至五月中旬。自建园开始，每年都吸引大批国内外游客光临,是"洛阳牡丹花会"与"五一黄金周"期间赏花的好去处。洛阳国际牡丹园观赏区由国际牡丹精品区、国内牡丹精品区、中外名优芍药区、中外寒牡丹区等四部分组成,主要有四大特点,即"精、晚、新、奇"。

(七)神州牡丹园

神州牡丹园,位于佛祖释源——白马寺对面,距市区5 km。该园占地40余 hm^2,盛唐建筑风格、山水园林景观,规模宏大,气势恢弘。园内分五大景区,即牡丹文化区、牡丹休闲区、牡丹观赏区、高科技四季牡丹展示区、商品牡丹园林综合区。它集牡丹文化、牡丹艺术、牡丹景观、高科技四季牡丹于一体,汇天下牡丹精品,聚四季名卉于一园,结成大观,品种齐全。园中有数亿万年天然形成世界罕见的牡丹石,有当前中国牡丹的活化石——300多年树龄的牡丹王;世界上最长的百米国粹长廊——唐三彩牡丹壁画。在国韵阁内陈列着世界上最大的欧阳修汉白玉雕像。神州牡丹园是当前世界上仅有的一部牡丹发展史上活的百科全书——"世界牡丹文化第一园"。

第二节　三门峡

三门峡位于黄河中上游,地处豫西丘陵山区,是河南省林业大市之一,森林覆盖率46.73%。近年来,随着造林绿化步伐的不断加快,森林公园建设得到较快发展。目前,全市共建立9处森林公园,其中国家级森林公园4处(甘山、亚武山、玉皇山、燕子山),省级森林公园4处(塔子山、韶山、摩云山、佛山),市级森林公园1处(清风山),森林公园总面积达390.82 km^2,约占三门峡市总面积的3.72%。

森林公园利用自身的优势,开展森林生态旅游,每年旅游收入逾亿元,旅游市场前景广阔。三门峡依托6个国有林场开展森林旅游,也为国有林场的生存和发展带来了生机和活力。据统计,2007年全市森林公园就接待游客20万人次,生态旅游总收入达到1 691.6万元。

在森林旅游开发工作中依托国有林场开展森林旅游业,不仅推动了林区产业结构的调整,摆脱了林场单一的保护模式,走上了林业全面可持续发展的新路子。三门峡市卢氏县以玉皇山国家森林公园、大宗潭瀑布为龙头,大力发展森林旅游,五龙瀑布、小灵山、十女峰、原始森林和野生动物保护五大观光区彰显特色。玉皇山附近的农户也通过建立农家饭店、农家旅馆,既解决了劳动力富余的问题,又创造出了可观的经济效益;位于窑店林场的甘山国家森林公园,森林环境优美,先后招商引资2 675万元,开发建设镜湖山庄、甘山滑雪场、蝴蝶谷、刘家河水库、红叶苑等项目景区景点20余处,并每年组织"甘山自然山水游"、"甘山红叶节"等宣传活动,甘山森林公园已逐步形成了"春赏山花烂漫,夏看彩蝶飞舞,秋观红叶漫山,冬享滑雪激情",集休闲、度假、科考于一体的生态旅游地;燕子山还利用自身特色开展了"以森林生态旅游"为主题的书画大赛,吸引知名度高的书画爱好者参加比赛,描绘公园中优美的自然风光,提升了公园的知名度。除了自然的森林景观外,还有许多地方民俗吸引游客的目光。甘山的地方民居"天井窑院",塔子山的真武阁三月十五庙会,亚武山的六月庙会等,众多民俗活动发扬和光大了民间文化,更为直观地为慕名而来的游客宣传了公园内的秀丽景观。森林公园已经成为生态旅游业发展的主要载体。

一、甘山森林公园

三门峡甘山森林公园位于三门峡市陕县南部窑店林场境内，距三门峡市区 30 km，距离市区 28 km，车程 40 分钟，属国家 AAA 级旅游区(点)。景区总面积为 3 800 hm^2，最高峰海拔 1 884 m，公园内动植物资源十分丰富，植物种类多达 1 500 多种，动物 20 余种，林木植被覆盖率达 95% 以上。自然风景具有奇、秀、艳、幽、静特色，春夏秋冬景色各异、别具一格，风景十分秀丽。主要景点有蝴蝶沟、铁瓦庙、祖师庙、钟楼、马武寨、崔氏洞等。正在开发的项目有：别墅山庄、会议中心、民族民俗游乐场、植物园、养鹿场、射击场、人工湖等。

巍巍甘山(又名干山、常蒸山)矗立于崤山南麓，南瞰伏牛、西临秦岭，动植物资源非常丰富，林区面积 8 000 hm^2，植物近 3 000 种，珍禽异兽百余种，漫山遍野奇山异峰，奇树异草，林木茂密，山花烂漫，百鸟争鸣，溪水潺潺，风景旖丽，秀色可人。

甘山历经沧桑，人文文化丰富，庙宇遍布，典故传说优美动人。神秘莫测的崔氏洞，古树参天的望乡台，高耸入云的铁瓦庙，万刃如削的舍身崖，传之神奇的拉钟槽，挺拔突兀的马武寨，五彩缤纷的蝴蝶谷，景色秀丽的锦鸡岭，等等，真是洞、碑、庙、殿华宝地，峰、崖、寨、岭神仙境。“四面有山皆花香，一年无时不鸟鸣”。

公园内动植物资源丰富，在多达 1 500 多种的植物种类中，最年长的要数“千年槲树”，虽历经千年沧桑，却依然枝繁叶茂，郁郁葱葱；500 年树龄的河南巨杨，获河南小叶杨树之冠称号，最有趣的是掏空的树洞内可容 4 人打牌，既遮阳又挡风。园内的金钱豹、羚羊、梅花鹿等 110 多种野生动物，不仅为美丽的甘山维持了生态平衡，而且也增添了勃勃生机。

二、玉皇山森林公园

玉皇山森林公园位于卢氏县狮子坪乡的淇河林场，距卢氏县城 90 km。公园包括长岭根、大块地、扁担沟、骑马沟四个景区。其主峰玉皇尖海拔 2 057.9 m，比东岳泰山高出 527.1 m。临顶极目，40 余 km^2 林海尽收眼底，给人以“云雾脚下风、一览众山小”的仙境感觉；大片挺拔的日本落叶松是我省唯一的高大型森林景观，身临其中可以领略茫茫林海的苍劲古朴；明朗河流水潺潺，清澈见底，锦鳞游泳，虾蟹相戏。公园内有维管束植物 1 800 余种，木本植物 400 余种，药用植物 1 225 种，各种动物 400 余种。其中保护植物有连香树、水曲柳、桦栎树、天麻、灵芝等;稀有动物有金钱豹、麝、青羊、草鹿、红旗锦鸡、大鲵(娃娃鱼)等。主要景点有:闯王点将台、石船、闯王试刀石、玉皇庙、黄龙潭、白龙潭、龙井等数十处。

玉皇山森林公园,春天山花烂漫,姹紫嫣红,鸟语花香,万木峥嵘;夏季山清水碧,林木葱郁,气候清爽;秋季满山霜叶,不是香山胜似香山,野果挂满枝头,使人馋涎欲滴;冬季山舞银蛇,群峰披玉戴甲,一派北国风光。

玉泉山森林公园优美的环境、独特的景色令游人心旷神怡,流连忘返。

第三节 济 源

济源为"全国水土保持生态环境建设示范城市",是河南省唯一的全国城市水土保持试点市,近年来,济源市摒弃"大草坪"、"大模纹"等城市绿化不良风气,按照"多树、兼花、少草"的理念,打造"触目皆林、遍地见花"的生态型园林景观,不仅提高了绿化覆盖率,而且走出了一条节约型园林绿化新路。绿地从规划设计入手,多种树,种大树,乔、灌、花、草科学搭配,营造复层式密林式园林景观。目前惠春园、济渎园、东庄林园等相继建成,园路广场曲径通幽,充分体现了济源园林的含蓄之美。

第十八章　区域生物

第一节　区域珍稀动物

一、黄河鲤鱼

黄河鲤鱼体侧鳞片金黄色，背部稍暗，腹部色淡而较白。臀鳍、尾柄、尾鳍下叶呈橙红色，胸鳍、腹鳍橘黄色。除位于体下部和腹部的鳞片外，其他鳞片的后部有由许多小黑点组成的新月形斑。

黄河鲤鱼体梭形、侧扁而腹部圆。头背间呈缓缓上升的弧形，背部稍隆起。头较小。口端位，呈马蹄形。背鳍起点位于腹鳍起点之前。背鳍、臀鳍各有一硬刺，硬刺后缘呈锯齿状。一般体长与体高之比为 3.34 ±0.48，体长与头长之比为 4.03 ±0.47，尾柄长与尾柄高之比为 1.09 ±0.27。

黄河鲤鱼同淞江鲈鱼、兴凯湖大白鱼（翘嘴红鲌）、松花江鳜鱼（鳌花）被共誉为我国四大名鱼。黄河鲤鱼，自古就有“岂其食鱼，必河之鲤”、“鲤伊鲂，贵如牛羊”之说，向为食之上品。黄河鲤鱼还以其肉质细嫩鲜美，金鳞赤尾、体型梭长的优美形态，驰名中外，是我国的宝贵鱼类资源。鲤鱼跳龙门的传说，几乎是家喻户晓。白居易等古代诗人都曾为其写诗作赋，称其为“龙鱼”。流传有“黄河三尺鲤，本在孟津居，点额不成龙，归来伴凡鱼”等美好诗句。

黄河鲤鱼，金鳞赤尾，体形梭长、肉质细嫩而鲜美。与其他几种鲤鱼相比，其肌肉中具有较高的蛋白质含量（17.6%）和较低的脂肪含量（5.0%），含有丰富的人体全部必需 8 种氨基酸和 4 种鲜味氨基酸，还含有 3 种人体必需的微量元素铁、铜、锌及大量元素钙、镁、磷等。自古以来即为民间各种喜庆宴席所不可缺少的佳肴。

二、黄河铜鱼

黄河铜鱼又名黄河鸽子鱼，属鲤科，体长 25 ~ 30 cm，腹部肥大，眼睛小，全身淡红、鲜亮，泛出银白色光泽。

黄河铜鱼数量不多，故而十分珍贵。它生活在黄河水流湍急的峡谷中，很不容易捕捞。寒冬它沉入河底冬眠；初春苏醒，3、4 月间产卵；夏季黄河汛期水流特别混浊时，它不得不浮出水面换气，这时为人们捕捞的良机。鸽子鱼很留恋家乡，无论被黄河洪水冲得多远，清醒后也要长途涉水，逆水洄游，返回故里。

天上的(天)鹅肉，山里的鸡，比不过黄河鸽子鱼。这是在宁夏流传着的一句赞美鸽子鱼的民间谚语。民间还流传着一个美丽动人的传说：很久以前，在中卫香山的岩壁上，居住着许多美丽善良的鸽子，但它们被贪婪、凶恶、狠毒的鸽妖统治着。每年收获季节，鸽妖就驱使鸽子们将田里的粮食衔到山洞里贮藏起来，供它挥霍。有一年黄河泛滥，庄稼颗粒无收，第二年开春农民没有种子下种，男女老幼呼天喊地，一片凄凉。这时，一对美丽的鸽子看到人间的不幸，于是带领鸽群把岩洞里的粮食衔出来，撒到田间。人们得救了，但是这对鸽子却遭到鸽妖的残害，它们奋力搏斗，最后还是被打得遍身伤痕。它们宁死不屈，双双投入滔滔黄河水，变成了一对美丽的鸽子鱼，一条红的，一条白的。现在粉红透白的鸽子鱼就是它们的后代。

鸽子鱼又名宫廷鱼，相传是专供皇宫食用的。黄河鸽子鱼属鲤科，肉质洁白细嫩，鳞稀刺少，清蒸后醇香扑鼻，营养丰富，味道鲜美，具有醒酒的作用，故为宴席上的珍品，在清代是进贡的贡鱼。鸽子鱼形似鲤，但其头小腹大，眼小而带红圈，体窄嘴尖，胸腹侧各有一根对称的硬鳍，形同十字，背部褐色，腹泛白色，侧看活像一只可爱的鸽子。鸽子鱼数量很少，又生活在河水湍急的峡谷水流中，捕捞很难，上市极少，因此越发显得名贵。

三、黄河银鱼

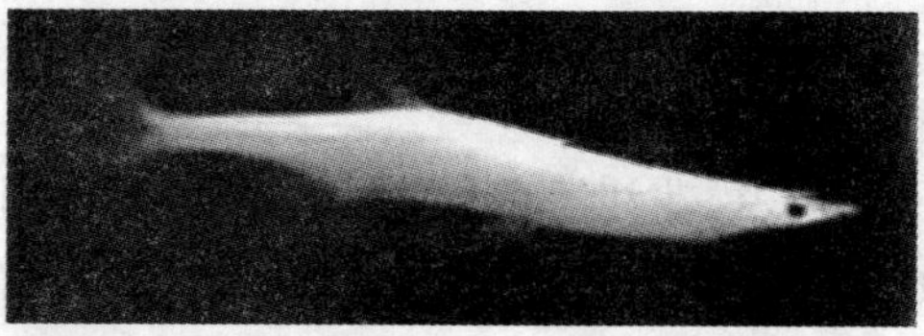

黄河银鱼，透明如玉，洁白似银，肉质细嫩，鲜美可口，是十分走俏的名贵水产品。体细长，近圆筒形，后段略侧扁，体长约 12 cm。头部极扁平。眼大，口亦大，吻长而尖，呈三角形。上下颌等长；前上颌骨、上颌骨、下颌骨和口盖上都生有一排细齿，下颌骨前部具犬齿 1 对。下颌前端没有联合前骨，但具一肉质突起。雄鱼臀鳍基部两侧各有一行大鳞，一般为 18 ~ 21 个。背鳍和尾鳍中央有一透明小脂鳍。体柔软无鳞，全身透明，死后体呈乳白色。体侧各有一排黑点，腹面自胸部起经腹部至臀鳍前有 2 行平行的小黑点，沿臀鳍基左右分开，后端合而为一，直达尾基。此外，在尾鳍、胸鳍第一鳍条上也散布小黑点。1980 年以来，由于沿河两岸污染企业的兴起和人为的乱捕滥捞，黄河银鱼产量锐减，一度绝迹。为了保护这一水产资源，2004 年小浪底库区实行春季禁渔，目前又出现黄河银鱼的踪迹。

四、大鲵(娃娃鱼)

豫西地区地形、气候呈现多样性特点，许多山区小环境是娃娃鱼的理想生存、繁衍地。

大鲵是我国特有物种，现存有尾目中最大的一种，因其叫声也似婴儿啼哭，故俗称“娃娃鱼”。在两栖动物中要数它体形最大，全长可达 1 ~ 1.5 m，体重最重的可超 50 kg，而外形有点类似蜥蜴，只是相比之下更肥壮扁平。最近科学家研究发现，大鲵小时候用的是鳃呼吸，长大后用肺呼吸。大鲵栖息于山区的溪流之中，在水质清澈、含沙量不大，水流湍急，并且要有回流水的洞穴中生活。大鲵头部扁平、钝圆，口大，眼不发达，无眼睑。身体前部扁平，至尾部逐渐转为侧扁。体两侧有明显的肤褶，四肢短扁，指、趾前四后五，具

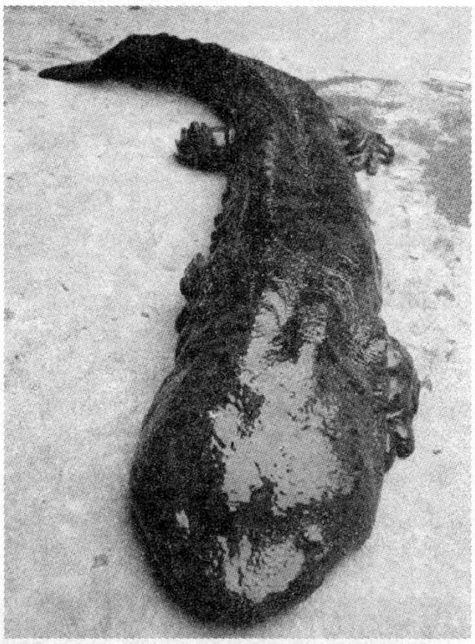

微蹼。尾圆形,尾上下有鳍状物。大鲵的体色可随不同的环境而变化,但一般多呈灰褐色。体表光滑无鳞,但有各种斑纹,布满黏液。身体腹面颜色浅淡。

大鲵是一种传统的名贵药用动物。现代临床观察发现,大鲵具有滋阴补肾、补血行气的功效,对贫血、霍乱、疟疾等有显著疗效。同时,大鲵也是一种食用价值极高的经济动物,其肉质细嫩、风味独特、营养价值极高,其肉蛋白中含有17种氨基酸,其中有8种是人体必需的氨基酸。

五、三文鱼

三文鱼(salmon)也叫撒蒙鱼或萨门鱼,是一种生长在加拿大、挪威、日本和美国等高纬度地区的冷水鱼类,豫西黄河支流洛河中游故县水库于1999年引进了优质的淡水养殖品种三文鱼,并获得了成功。三文鱼肉质细嫩、颜色鲜艳、口感爽滑,近年来成了家庭餐桌上的美味佳肴。不仅如此,三文鱼还具有很高的营养价值。三文鱼除了是高蛋白、低热量的健康食品外,还含有多种维生素以及钙、铁、锌、镁、磷等矿物质,并且还含有丰富的不饱和脂肪酸。在所有鱼类中,三文鱼所含的omega—3不饱和脂肪酸最多(每100 g三文鱼约含27 g),营养学研究证明,omega—3不饱和脂肪酸能有效地降低高血压和心脏病的发病率,还对关节炎、乳腺癌等慢性病有益处,对胎儿和儿童的生长发育有促进作用。

六、丹顶鹤

丹顶鹤俗称仙鹤,古时还有许多不平凡的名称,如仙客、阳鸟、丹哥、紫卿、蓬莱羽士等。丹顶鹤天生一副优美的体形,富于曲线的脖颈,挺直纤细的长足,一身洁白的羽毛,墨黑的翅翼,配上一块鲜艳夺目的红色肉冠,可算是长足涉禽中的佼佼者。丹顶鹤能鸣善舞。它舞蹈时先把长长的脖颈曲向脊背,尖嘴朝天,接着双翅展开向前扇动,双腿跳跃。有时抖动双翅,两脚移动,旋转。更为有趣的是,两只鹤会面对面地“对歌”、“对舞”。看上去无一不是姿态优美,气度不凡。

丹顶鹤栖息于开阔平原、沼泽、湖泊、海滩及近水滩涂。成对或结小群,迁徙时集大群,日行性,性机警,活动或休息时均有一只鸟作哨兵。迁徙时排成“一”字形或“V”字形。以鱼、虾、水生昆虫、软体动物、蝌蚪及水生植物的叶、茎、块根、球茎、果实等为食。

繁殖期4～6月，求偶伴随舞蹈、鸣叫，营巢于具一定水深的芦苇丛、草丛中，每产1～2卵，孵化期30～33天，早成鸟，2岁性成熟，寿命可达50～60年。中国古时把丹顶鹤看成是“长寿”、“吉祥”的象征，多为诗人、画家笔下歌颂的题材。古代高僧、道长乘鹤飘逸的神话和传说，更为它蒙上一层浪漫的色彩。丹顶鹤是一种候鸟，随季节不同作定时迁徙。

第二节　区域珍稀植物

一、洛阳牡丹

洛阳牡丹属被子植物门，双子叶植物纲，虎耳草目，芍药科，为多年生落叶小灌木，生长缓慢，株型小，株高多在0.5～2 m；根似肉质，粗而长，中心木质化，长度一般在0.5～0.8 m，极少数根长度可达2 m；根皮和根肉的色泽因品种而异；枝干直立而脆，圆形，为从根茎处丛生数枝而成灌木状，当年生枝光滑，草木，黄褐色，常开裂而剥落；叶互生，叶片通常为三回三出复叶，枝上部常为单叶，小叶片有披针、卵圆、椭圆等形状，顶生小叶常为2～3裂，叶上面深绿色或黄绿色，下为灰绿色，光滑或有毛；总叶柄长8～20 cm，表面有凹槽；花单生于当年枝顶，两性，花大色艳，形美多姿，花径10～30 cm；花的颜色有白、黄、粉、红、紫红、紫、墨紫（黑）、雪青（粉蓝）、绿、复色十大色；雄雌蕊常有瓣化现象，花瓣自然增多和雄、雌蕊瓣化的程度与品种、栽培环境条件、生长年限等有关；正常花的雄蕊多数，结籽力强，种籽成熟度也高，雌蕊瓣化严重的花，结籽少而不实或不结籽，完全花雄蕊离生，心皮一般5枚，少有8枚，各有瓶状子房一室，边缘胎座，多数胚珠，骨果五角，每一果角结籽7～13粒，种籽类圆形，成熟时为共黄色，老时变成黑褐色，成熟种子直径0.6～0.9 cm，千粒重约400 g。

牡丹以它特有的富丽、华贵和丰茂，在中国传统意识中被视为繁荣昌盛、幸福和平的象征。

产地与习性：牡丹原产中国，汉中是中国最早人工栽培牡丹的地方，为落叶亚灌木。喜凉恶热，宜燥惧湿，可耐－30 ℃的低温，在年平均相对湿度45%左右的地区可正常生长。喜光，亦稍耐阴。要求疏松、肥沃、排水良好的中性壤土或砂壤土，忌黏重土壤或低温处栽植。花期4～5月。多采用嫁接方法进行栽培，因为与芍药同属芍药属，又多选用芍药作为砧木。

形态特征：根系肉质强大，少分枝和须根。株高1～3 m，老茎灰褐色，当年生枝黄褐色。二回三出羽状复叶，互生。花单生茎顶，花径 10 ~ 30 cm，花色有白、黄、粉、红、紫及复色，有单瓣、复瓣、重瓣和台阁性花。

应用：洛阳牡丹观赏部位主要是花朵，其花雍容华贵、富丽堂皇，素有“国色天香”、“花中之王”的美称。洛阳牡丹可在公园和风景区建立专类园；在古典园林和居民院落中筑花台种植；在园林绿地中自然式孤植、丛植或片植，也适于布置花境、花坛、花带、盆栽观赏，应用更是灵活；还可通过催延花期，使其四季开花。根皮入药，花瓣可酿酒。

二、灵芝

我国第一部药物专著《神农本草经》记载：灵芝有紫、赤、青、黄、白、黑六种，但现代文献及所见标本，多为多菌科植物紫芝或赤芝的全株。性味甘平。紫芝主要含麦角甾醇、有机酸、氨基葡萄糖、多糖类、树脂、甘露醇和多糖醇等麦角甾醇、树脂、脂肪酸、甘露醇和多糖类，又含生物碱、内酯、香豆精、水溶性蛋白质和多种酶类。

灵芝自古以来就被认为是吉祥、富贵、美好、长寿的象征，有“仙草”、“瑞草”之称，中华传统医学长期以来一直视为滋补强壮、固本扶正的珍贵中草药。民间传说灵芝有起死回生、长生不老之功效。古今药理与临床研究均证明，灵芝确有防病治病、延年益寿之功效。东汉时期的《神农本草经》、明代著名医药学家李时珍的《本草纲目》，都对灵芝的功效有详细的极为肯定的记载。现代药理学与临床实践进一步证实了灵芝的药理作用，并证实灵芝多糖是灵芝扶正固本、滋补强壮、延年益寿的主要成分。现在，灵芝作为药物已正式被国家药典收载，同时它又是国家批准的新资源食品，无毒副作用，可以药食两用。

科学研究表明，灵芝的药理成分非常丰富，其中有效成分可分为十大类，包括灵芝多糖、灵芝多肽、三萜类、16 种氨基酸（其中含有 7 种人体必需氨基酸）、蛋白质、甾类、甘露醇、香豆精苷、生物碱、有机酸（主含延胡索酸），以及多种微量元素。灵芝对人体具有双向调节作用，所治病种，涉及心脑血管、消化、神经、内分泌、呼吸、运动等各个系统，尤其对肿瘤、肝脏病变、失眠以及衰老的防治作用十分显著。

在豫西地区，灵宝、卢氏、陕县、嵩县、栾川等县（市）均有分布，卢氏县城居民曾在该县大山深处，意外发现一枚顶冠直径为 38 cm、高 13 cm 的特大野生灵芝。

三、仰韶黄杏

仰韶黄杏又名鸡蛋杏、响铃杏，产于河南省渑池县。

果实性状：果实大型，平均单果重 60 g，大果重 130 g。果实卵圆形，果顶平、微凹，缝合线浅，两半部不对称，梗洼深广。果皮橙黄色，阳面着红晕，具紫褐色斑点。果肉橙黄色，近核处黄白色，肉质细韧、致密，富有弹性，纤维少，汁液中多，酸甜爽口，可溶性固形物

含量14%，香气浓，品质极上。离核，苦仁。花期稍晚，果实产地6月中旬成熟，果实发育期70～80天。较耐贮运，常温下可贮存7～10天。加工性能也好，为优良的鲜食、加工兼用品种。

栽培习性：树势健旺，树姿半开张。萌芽力、成枝力均高，以短果枝结果为主。早果，定植后三年结果，丰产，产量较稳定，10年生树株产可达40～50 kg，15年盛果期树株产达100 kg以上，百年生杏树产量仍可达150～200 kg。属华北杏品种群，雌蕊败育花率较高，自花不实，需配置授粉树。适应性与抗逆性强。

仰韶黄杏是渑池人民在长期生产实践中精心选育的名优果品。主要分布在县南西村乡。现有25万株(其中新栽无嫁接的20万株)，折合667 hm^2，其中结果大树3 750株，年产12.5万kg。

仰韶黄杏，果实为椭圆形，果皮与果肉橙黄色，阳面有红晕，果形大，平均单果重70 g，最大单果重110 g。果肉厚1.3～1.8 cm，肉、核重量比值为1:(0.44～0.48)，肉质细韧，纤维少，酸甜适口，芳香浓郁，汁液丰富，制成的糖水杏、杏浆等均属上品。1985年6月，全省大杏鉴评中，参加鉴评的32个品种，渑池仰韶黄杏以91.94分获得第一。

四、灵宝大枣

灵宝大枣主要产于豫西灵宝，陕县、新安县也有分布。

果实性状：果实大，扁圆形，平均果重22.3 g，最大果重34 g，大小较均匀。果肩广圆，略宽于果顶。梗洼浅广，环洼大而浅。果顶宽平，顶洼广、中等深。果柄较细短。果面平整，果皮中等厚，紫红色或深红色。果肉厚，绿白色，质地致密，较硬，汁液少，味甜略酸，含可溶性固形物32.4%，总糖23%，可食率96.7%～97.7%，出干率58%左右，制干品质中上。干枣含总糖70.2%，皮较脆，易裂。肉质松软，不耐压挤和贮运。果核较小，含仁率70%左右。在灵宝产区，4月中旬萌芽，5月下旬始花，9月中旬采收。果实生育期110天左右。

栽培习性：树体高大，树冠呈自然圆头形，树势强旺，发枝力中等，枝叶密度适中，根蘖萌生力弱，生长较慢。80年生大树，树高10.5 m，冠径7.6 m。枣股圆柱形，持续结果7～8年。结果较迟，根蘖苗定植后5年开始结果，嫁接苗第二年少量结果，15年后进入盛果期，经济寿命约80年。19年生树，平均株产25.8 kg，最高株产34.8 kg；盛果期大树，最高株产可达150 kg左右。采前落果严重，需适时采收。适应性强，耐旱涝瘠薄，抗霜力较弱，抗枣疯病。裂果较轻。

灵宝大枣为灵宝著名的三大宝(大枣、苹果、黄金)之一，迄今已有400多年的栽培历史，集中产于灵宝市境内沿黄河沙壤地带。品种以圆枣为主，又称疙瘩枣。果实大，多为短圆筒形，单果重25 g左右，最大的达33 g。果皮深红，肉厚核小，质韧汁少，味甘甜，肉质松软，风味佳，带有清香，含糖量高，适宜制干枣和酸枣。制作成的干枣富有弹性，压扁可还原，适于长途运输，因而驰名全国。鲁迅先生曾称赞说："红枣极佳，为南中所无法购得。"著名翻译家曹靖华亦写诗赞道："顽猴探头树枝间，蟠桃哪有灵枣鲜。"

五、孟津梨

孟津梨主产于孟津县会盟镇及周边地区，古时曾为贡梨。这里地处黄河冲积滩区，土深肥沃，光照充足，排灌方便，适宜梨树生长。孟津梨有2 000多年的栽培历史，据《齐民要术》记载："洛阳北邙，有张公夏梨，味甚甘，海内唯有一树。"孟津梨树面积过去多达200 hm^2，后因黄河南浸，川区种稻，原梨树面积减少。进入20世纪90年代后，该县把恢复和发展孟津梨作为一项富县富民的重要林果产业，建立了万亩优质梨生产基地，1995年和日本农林水产交流协会在会盟镇建立了中日友好梨树示范园。目前，全县梨树种植面积已发展到333 hm^2，年产量1 000多万kg，产品除满足本地需要外，还远销北京、西安、上海、广州等大中城市，深受消费者喜爱。主要品种及特性：

孟津梨品种很多，据专家调查共有22个古老品种：天生伏梨（夏梨、天生梨）、白梨（酸梨）、天生平梨、表皮伏梨（伏梨）、马蹄黄梨（金屁股）、老平梨、黄天生（猪嘴梨）、马蹄酥、黄梨、瓜梨、五香梨（花红梨）、自木梨、沙糖包梨、蜜蜜罐梨、黄自木梨、秋落白梨、雪梨、二伏梨、金平梨、大屯子、小屯子、落花酥梨。近年来，又引进了酥梨、早酥梨、金华梨、雪花梨、新高梨、幸水梨、丰水梨等10余个新品种。不同的品种，其果形、口味、色泽、个头、成熟期、耐贮性均有不同。

天生伏梨：为孟津梨的当家品种，果实中大，平均单果重200 g左右，最大可达300 g。外观呈短葫芦形，皮黄绿色，果点小，外观美丽。果肉鲜美，汁多，味甜，石细胞少，质地细脆，落地即酥，被誉为"洛阳金桔"，孟津县因之称为"中国伏梨之乡"。

早酥梨：果实大，平均单果重200～250 g，倒圆形，果顶突出，果皮黄绿色，常有纵向棱状突出。果肉细白，质脆多汁，味甜爽口，品质上乘。耐贮藏，8月初成熟。

酥梨：果个大，平均单果重270 g，近圆柱形，果顶平。果皮金黄色，果点稍大，果肉白色，肉多，味甜，酥脆爽口。8月底成熟，耐贮运。

新高梨：果实大，平均单果重300 g以上，最大可达500 g。果实近圆形，果皮黄褐色，经套袋后可转变为浅黄褐色，十分美观。果肉细，质地脆，细胞少，含糖高，香甜可口，风味极上。果实在9月底成熟，耐贮运，为市场热销品种。

参考文献与资料

[1]河南黄河河务局. 河南黄河. 2006.

[2]吴少珉,等. 河洛文化通论[M]. 北京:光明出版社,2006.

[3]刘自国,王晓梅,裴自强,等. 河南黄河“四位一体”新思路解析[N]. 黄河报,2008-02-20.

[4]孙广远,等. 治河新策为大难黄河带来福音[EB/OL]. 中广网 2009-06-18.

[5]王军,李捍无.《面对古都与自然的失衡——论生态环境与长安、洛阳的衰落》.

[6]三门峡市地方史志编纂委员会. 三门峡志.

[7]郑志飞. 黄河下游水量水质与生态联合调度系统研究[D]. 南京:河海大学,2007.

[8]郝伏勤,王新功,等. 黄河水量统一调度对下游生态环境的影响分析[J]. 人民黄河,2006,28(20):35-37.

[9]孙照斌,郦海健,等. 太湖流域西氿湖沉积岩芯中重金属污染及潜在生态风险[J]. 湖泊科学,2009(4).

[10]吴春华,王晓峰,薛建慧,等. 三门峡水库不同运用方式对生态环境的影响[J]. 人民黄河,2007,29(1):8-9.

[11]梁海燕,张学峰,杨玉琳,等. 水量调度对改善黄河水质与水生态作用探讨[J]. 西北水电,2008(1):4-7.

[12]葛继稳,蔡庆华,唐涛. 淡水水体沉积物磷的环境生态效应研究进展及建议[J]. 地质科技情报,2009,28(3):113-199.

[13]王晓燕,张长春,魏加华. 黄河水量统一调度实施前后河口三角洲生态环境变化研究[J]. 生态环境,2006,15(5):1046-1051.

[14]王小雨. 底泥疏浚和引水工程对小型浅水城市富营养湖泊的生态效应[D]. 长春:东北师范大学,2008.

[15]黄河水利委员会. 黄河泥沙公报. 2002.

[16]郭三德. 三门峡生态环境建设的思考[J]. 魅力中国,2008(27).

[17]张春会. 洛阳市生态环境问题成因分析及改善对策[J]. 城市管理与科技,2004,6(3):106-107.